不完美也可以很美好

米格格

古吴轩出版社

中国·苏州

图书在版编目（CIP）数据

不完美也可以很美好 ／ 米格格著． — 苏州：古吴
轩出版社，2017.11
ISBN 978-7-5546-0987-3

Ⅰ.①不… Ⅱ.①米… Ⅲ.①人生哲学—通俗读物
Ⅳ.①B821-49

中国版本图书馆 CIP 数据核字 (2017) 第 217151 号

责任编辑：蒋丽华
见习编辑：薛 芳
策 划：王 猛
装帧设计：仙境书品

书 名：不完美也可以很美好
著 者：米格格
出版发行：古吴轩出版社
　　　　　地址：苏州市十梓街458号　　　　邮编：215006
　　　　　Http：//www.guwuxuancbs.com E-mail：gwxcbs@126.com
　　　　　电话：0512-65233679　　　　　传真：0512-65220750
出 版 人：钱经纬
经 销：新华书店
印 刷：北京富泰印刷有限责任公司
开 本：880×1230 1/32
印 张：8.25
版 次：2017年11月第1版 第1次印刷
书 号：ISBN 978-7-5546-0987-3
定 价：36.00元

即便不完美，也要努力地去生活

曾几何时，我是那么畏惧三十岁的到来。

三十岁意味着什么？在我的脑海里，我一度把它当成青春与中年的门槛。似乎跨过了这道坎，我就得跟美丽和青春道别，就得披上沉稳的外衣，戴上谨慎的面具，背上经济的枷锁，开启小心翼翼的生存模式。

可是，当这一天真的到来时，我却比想象中从容得多。

从二十岁到三十岁，十年的光阴，冲刷掉了曼妙飞扬的青春，也冲散了结伴而行的朋友，还错失过爱我的和我爱的人，可它也在分秒的叠加中，沉淀出了一个愈发真实的我。

我不再紧盯着别人光鲜亮丽的外表，时不时地冒出嫉妒的情绪，为自己的欠缺耿耿于怀，也不再希冀遇到一个无可挑剔的伴侣，对不符想象的示爱者视而不见。

生活的真相提醒我，每个人的生命都被上苍划上了一道缺口，你越不想要它，它越会如影随形。世上几乎所有的事，都不会轻易俯首听命，不会轻易顺从你意。有时就算你花上一辈子的时间，也未必能达到心中所希望的样子。

现在的我，依旧跟完美不沾边，但我学会了不再强求。我接纳了自己微胖的身材，接纳了自己脸上的几颗小雀斑，接纳了自己曾经在情感路上摔过的跟头，接纳了自己偶尔的自私和坏脾气。

可是，不再强求，不意味着对自我没有要求。

身为自由职业者，我要求自己和上班族保持一样的作息；为了提高身体的代谢率，我坚持每天慢跑5千米；带着滋养身心、提升自我的心愿，我给自己创造机会读书、旅行……我会不时地提醒自己，不必活在他人的期待里，只需在自律中保持自由，因为生活终究是自己的。

电影《时空恋旅人》里有一句话，这几年一直深深印刻在我心里："我们生活的每一天，都在穿越时空，我们能做的，就是尽其所能，珍惜这趟不平凡的旅程。"

二十岁时，我想活给很多人看；三十岁时，我却只想活给自己看。

我不再做无谓的假设，幻想着一切可以重新来过。每个人都只能活在此时此刻，此身此地。活出自己的真性情，接纳自己的好与不好，那便够了。

如果你问我，什么样的人生最美好？我想说——

即使过程不完美，也仍想好好继续。这就是最美好的人生。

目 录

contents

第一章　你觉得自己好看，比你真的好看更重要

第二章　再平凡的人，也可以有不平凡的梦

第三章　错过你，却成就了最好的自己

第四章　如果你不看低自己，就不会落到尘埃里

第五章　一个人时，要活得像一支队伍

第六章　没有很糟糕的生活，只有很糟糕的活法

第七章　疗愈过去的伤痛，过你热爱的生活

Imperfection
can be wonderful.

第一章

你觉得自己好看，
比你真的好看更重要

不完美 也可以 很美好

如果你是灰姑娘，那么谁来给你穿水晶鞋

"你曾经坐在这里，谈吐得那么阔气，就像是所有幸福都能被预期……"

提到心中的恋人，我总会联想到江美琪早年在歌中唱到的这一句。那画面，真是美到了每个女孩子的心坎里。

每个做公主梦的女孩，都曾憧憬遇到这样一位王子：他见多识广、高大帅气、家境富足、性格温和，能满足你所有的愿望，带你去陌生的城市看陌生的风景，替你做好未来的打算，让你像穿上水晶鞋的灰姑娘一样，从此无忧地戴上皇冠，做他独一无二的王妃。

童话真美，美到让我也如痴如醉。但我终究相信，现实中的灰姑娘，被王子看中的概率往往低到让人绝望！就算他们遇见

了，多半也是擦肩而过——因为两个人的世界没有交集。

姑娘C今年29岁，至今未婚，也未有过恋爱史。她心目中的恋人，一定要成熟、帅气又能干，有自己的事业，经济条件优越，如暖男般细致到能记录她的情绪周期表，像大叔一样手把手教她高尔夫，有老练深沉的处事作风。总之，生活要有情怀，有品位……

然而现实中她所碰到的人，却总是差着点什么。涉世不深、没有家庭背景的男生，基本上都行走在奋斗的路上，鲜有资本去驾驭高品质的生活；细致入微、事业有成、老练深沉的男人，通常也难有闲情雅致去陪女朋友看世界。

任何一种生活状态，对应的都是一种选择。有选择，就会有得失。真实的世界，少有两全其美。

对一段恋情和婚姻，你不能指望有人把一切东西都准备好，然后静静地等你到来，就像完美先生一样，最后让女主安心地做个全职太太，不用为钱操心，不用为家事烦恼，旅行有人给你做好计划，生了孩子有人负责教养……

生活告诉我，这不过是"玛丽苏"式的爱情小说罢了。真有这样的男人，哪能就轮到平凡的灰姑娘去认识和拥有了？

我的一个男性朋友Z，身高183厘米，姿态挺拔，穿着考

究，热爱旅行，如今正在美国的土地上撒欢。在去美国攻读PhD
（博士学位）之前，他没有恋爱过，但身边追求他的女孩子并不
少。顺便说一句，Z的父亲是个有钱的商人，Z也算是一个"富二
代"，家境自不必说。谈及生活，他自己也承认，没有太大的经
济压力，确实让他有了更多的时间和机会去享受生活。

不过，Z不是那种会让人拉仇恨的人。

我问过他："当初怎么不去读军校？"

他说："那样还得靠父母，我想走一条自己的路。"

于是，大学四年，他很拼，最后拿了双学位，去美国读了喜
欢的心理学专业。至于系里追他的一些灰姑娘，他是有所顾忌
的——身边的人总是不停地提醒他："你要看清楚，她们究竟是
喜欢你，还是你的家境？"

除了那些灰姑娘之外，还有两个和他家境差不多的女孩对他
有好感。据我所知，其中一位是Z的父亲的挚友的女儿，和他在
同一所大学读书，也正准备到美国留学；另一位则是在英国学习
音乐的女孩。然而，他最终没有在任何一位追求者中做出选择，
他说："我不知道，等我去了那边（美国），会不会遇到和我一样
的人……"

然后，就如他所想的那般，在佛罗里达读书时，他遇到了

一个独立、漂亮、有才华的女孩，并于去年完婚。女孩并未觉得自己像凌霄花一样攀附于他，反倒经常调侃自己的某一条真丝连衣裙是他买不起的……她经济独立，有自己的专长，会做各种花式的面包。

她能遇见王子，因为她本就不是灰姑娘。

杨澜说过："维系婚姻的纽带不是孩子，不是金钱，而是关于精神的共同成长，在最无助和软弱时候，有他（她）托起你的下巴，扳直你的脊梁，令你坚强，并陪伴你左右，共同承受命运。那时候，你们之间除了爱，还有肝胆相照的义气，不离不弃的默契，以及铭心刻骨的恩情。"

爱，从来都不是单纯的索取和享受，而是共同的成长与进步。

说了这么多，我只是想告诉姑娘们：别把自己当成"玛丽苏"式的女主角，也别指望天上会降下一个兼具各种美好的男人，然后对你一见钟情。除非你足够好，足够有见识，能在任何场合、任何人群中成为闪耀的珍珠。

王子不会总是在大街上闲逛，你总得有进入王国的通行证，才有可能跟王子见上面、拉上手，然后书写梦幻般的爱情故事。

你是什么样的人，就会遇见什么样的人。

当然，遇见只是一个开始，无论跟什么样的人在一起，经营都是最重要的。我们都应当允许别人有点瑕疵，就像自己也不够完美一样。只要两个人价值观相同，没有太大分歧，然后一起努力奋斗，一起去看看世界，一起去体验生活的变化，一起得到身心的成长，就可以了。其实，也只有这样的感情，才能禁得住考验，才会更长久。

最痛苦的迷失，是不敢面对真实的自己

你有没有做过这样的梦：

不知何故，你突然赤身裸体地出现在某个地方，那一刻你胆战心惊，充满了羞耻感，无论是否被人看见，都恨不得赶紧逃离，或是找个角落躲藏起来？

Susan有过这样的梦境，而且不止一次。只是一直以来她无法理解，也羞于启齿。直到那天，她无意间读到武志红老师的一番话，瞬间思绪决堤，脑海里像放映电影一般，把诸多零碎的片段拼接起来。

原来，每一件事的发生都是有原因的。梦境中的赤裸与性的关系不大，它的本意是真实的自我。真正试图躲藏和逃避的，不是赤裸的身体，而是潜意识里那个真实的自己，被压抑得太久乃

至已经无法辨认的自己。

Susan在第一次看到村上春树写的"你要做一个不动声色的大人了，不准情绪化，不准偷偷想念，不准回头看"时，就感到莫名的心疼。现在想来，她应该是在这句话里，瞥见了住在身体里的那个脆弱无助的小孩。

很多家庭在遭遇巨变后，原来的模式会被打破，因为每个人都是带着创伤的，都需要去疗愈，用不同的方式，或错或对，或平缓或激烈。大概就是从那时起，Susan开始不动声色了。不去说自己的心情和想法，把所有的感受都留给了黑夜；不袒露自己的恐惧和脆弱，假装一切都不害怕；努力把一切事做到最好，让家人感到放心和踏实；承受着难以背负的压力，咬牙憋着眼泪却只字不提。

然后呢？在很多年里，她就成了一个别人眼中"乐观坚强，独立能干，做事麻利，隐忍大度，不惜委屈自己"的姑娘。时间久了，她也真的以为那就是真实的自己——她已经忘了自己最初的样子。外表的火热，内心的孤独，成了一对矛盾体，时刻在对同一个躯体进行着惨烈的撕扯。

我曾经一度在想：人为什么要藏起真实的自己？直到看了《心灵捕手》这部电影，我方才有所领悟。

有着数学天赋的、放荡不羁的清洁工威尔，能够在一个晚上做出麻省理工学院数学教授兰博两年才解开的难题。教授不想威尔的天赋被浪费，很想帮他，却遭到了拒绝。

威尔是一个内心分裂的男孩，教授为他找了五个心理医生，都没能走进他的内心。他用自己的辩才和智慧无情地羞辱、嘲笑那些心理医生，所有的做法都在掩盖一个事实——怕被人看穿，怕不被接受——他是一个孤儿，在成长的过程中，曾遭受过养父母的多次抛弃。

后来，威尔遇到了心爱的女孩，尽管内心很在乎对方，却不愿意进一步交往，甚至一度想要结束这段恋情，并声称"现在的她很完美，我不想破坏"，但他真正的心理是"自己给她留下的印象还算完美，不想破坏"。

对 Susan 来说，情况也是这样：不开始就不会结束，就不会有被拒绝的可能，自然也就能够"不被看见"。她害怕把真实的自己暴露出来，怕不被接受、不被爱。然而，选择了回避和隐藏，也就等于选择了把爱推开。

Susan 和威尔一样，有过相似的行为选择，且都是在没有觉知的情况下。不愿意说出真实的想法，不愿意去谈真实的感受，不想面对曾经发生的一切。暴露了真实的自己，就会不被爱、被抛弃么？她无从知晓，但总觉得自己必须要以一个"完美"的形象出现在人前，才能赢得喜欢和尊重。

其实，我们都错了。真正不接受自己的人，不是外界的任何人，而是自己。正因为压抑了真实的自己，才让生活中的一切变成了自己不喜欢的模样。

电影里，第一次会面做治疗，威尔从桑恩的画中看穿了他的心思，桑恩没有像其他心理咨询师一样放弃他，而是直接表达出自己的愤怒，甚至掐住威尔的脖子——这就是桑恩与威尔的区别——当他在感到愤怒的时候，会袒露自己的心声，表达自己真实的情绪。

威尔发现，当一个人敞开心扉，允许真实的自我"被看见"时，不一定意味着关系会结束。事实证明，桑恩的确拥有过一段非常美好的亲密关系。影片中，桑恩最后一直对威尔重复着一句话："不是你的错。"无论威尔做出什么样的反应，他都在不停地说这句话，直到威尔抱着桑恩失声痛哭。

那一刻，威尔真的与过去握手言和了，也终于意识到了，那一段被抛弃的经历只代表过去，不是他的失败，不是他的过错，而他应该活出自己本来的样子。

每个人都有生命中最艰难的时刻，在那段日子里，往往会遇到重大转折，可能会失去很多，可能要结束很多。没有一种人生像配钥匙一样，能从同一个模子里出来，完全被复制。只有在痛苦中觉知自我，我们才能真正成长，与深陷已久的旋涡告别。

许久以后，Susan终于也明白了这一点。她告诉我，属于自己内心的那一份"平静"，就藏在自我觉知与反省的路上。

是的，我们只有勇敢地面对自己、接纳自己，才能由内至外地充满力量。这种力量是平和的、温柔的、慈悲的，因为它饱含了对自己、对过往的包容与爱。

我们都该依据自己本来的样子活

街角的那间小聊吧，是女友 Aimee 的专属世界。

Aimee 长着一张精致的面孔，笑起来有一对浅浅的酒窝，甜美而亲切。22 岁那年，她在妈妈的资助下，开了这间温馨的聊吧。

聊吧里的装饰和她这个人的气质一样，清新可人。在这里，她结识过形形色色的人，听过很多或温暖或凄凉的故事，也撰写过两本独特的温情故事书。

在一个阳光灿烂的日子，她认识了那个阳光帅气的男孩。男孩穿着一件格子衬衫，一条蓝色牛仔裤，一双白色的球鞋，留着清爽的发型，是她喜欢的类型。她送了一杯饮料给男孩，男孩受宠若惊。两人聊得很是投机，久而久之就成了朋友。

他们互诉过烦心的事，分享过生活里的惊喜，也说起过各自心中理想的对象。Aimee清楚地记得，男孩说，他喜欢留长发、穿淡蓝色衣服的姑娘。

从那天起，Aimee不再去修剪那齐肩的头发，她想蓄起长发。聊吧的桌布，被她换成了清新的淡蓝色，桌上多了几盆绿萝。

这些改变悄无声息，让人难以察觉。

日子如流水般过着，一眨眼，两年过去了。

又是一个阳光明媚的日子，男孩来到小聊吧，不同以往的是，他身边多了一个女孩。看到Aimee，男孩的脸上有些微微泛红，他略带羞涩地介绍说，那是他的女朋友。

Aimee笑着与女孩打了招呼，送上一杯蜜桃汁，而后站在柜台那里，静静地看着那女孩：她留着一头清新的短发，穿着一件红色条纹的五分袖上衣、一条白色的短裤。这根本不是他当初说的理想形象。

原来，遇见了对的人，一切假设都会成为泡影。

送走男孩和他女友后，Aimee看着聊吧里的装饰，再看看自己身上那件淡蓝色的牛仔布裙，沉思良久。这时，一个熟悉的身影走进了聊吧，是妈妈。看到最亲最近的人，脆弱的心灵找到了依靠，Aimee的眼泪瞬间流了下来。

两年来，妈妈知道Aimee对男孩的感情，听她讲述了刚刚发生的那一幕，妈妈为 Aimee 擦掉了眼泪。然后，聊吧的门上挂上了"暂停营业"的牌子，妈妈跟 Aimee 聊起了天，暖暖的亲情让Aimee 想起了许多往事。

读高中时，Aimee 一直很羡慕班里的学习委员，就因为那女孩长得比较瘦弱，穿紧身的牛仔裤和白色 T 恤非常好看。那段日子，她拼命地节食减肥，妈妈怎么劝说她都不听，最后把自己折腾成了低血糖。

蜡黄的脸色，干枯的皮肤，一点都不像 17 岁女孩子该有的样子。体重虽然下来了，可穿上紧身的牛仔裤和白色 T 恤，她依旧没有理想中的那个气质。

后来，她买了一件宽松的白衬衫，一条不那么紧身的浅色牛仔裤，穿起来也很好看。从那时候起，那便成了 Aimee 最常见的装扮。

填报志愿时，Aimee 看到表姐学了法律，当了律师，羡慕得不得了。当时，她也想学法律，可当表姐把一大本枯燥的法律书摆在她面前时，她却发愁了。说真的，背法条的确不如读古诗词那么容易。最终，Aimee 还是选择了外国语大学的英语专业。

想想今天的事，和当年那些情况如出一辙。

因为 Aimee 太在乎他，所以努力把自己变成他理想中的样子，穿着自己不喜欢的淡蓝色裙子，梳着马尾辫，甚至把聊吧的装饰都改变了，可自己终究不是那个对的人，气质也并不那么适合这样的打扮。

Aimee 想起很早以前看过的一段话，大致是说：

如果你是一颗萝卜种子，那就努力自由地生长成一个你所能长成的最好的萝卜；如果你是一粒青菜种子，那你就该成长为一颗你所能长成的最好的青菜！记住，不是做那个最好的萝卜青菜，也不是做别人喜欢的萝卜青菜，而是你所能长成的最好的萝卜青菜。

活出最好、最真的自我，不必跟任何人比，也不必去迎合任何人的喜好。要成长为自己内心所希望的那样，而不是别人所希望的那样；要做自己内心渴望做的事情，而不是别人认为你渴望做的事情。

第二天，聊吧歇业一天，Aimee 把店面重新装饰了一番。墙上贴上了仿古砖的壁纸，音乐换成了《卡萨布兰卡》，桌上的绿萝不见了，取而代之的是淡雅的雏菊。

焕然一新的不只是聊吧，还有她自己。她穿上最喜欢的宽松白衬衫，头发又恢复了齐肩，蓬松而不凌乱，一切都回到了最初那副随意而慵懒的样子。

男孩再来时，看到 Aimee，说了一句："嘿，你今天看起来很漂亮，让我想起第一次见到你的时候……"是的，一切都回到了最初的样子，衣服是自己喜欢的，聊吧的情调是自己中意的，这样的自己最舒服，这样的环境最喜欢。

Aimee 在聊吧的每张台布上，都印了一行隽秀的字：Be the best you can!

成为最好的自己。

总有人问，自在的人的生活是什么样的？我想，自在的人不会为了达到某一个高高在上的目标，而牺牲自己的快乐，牺牲自己的心灵，他会倾听自己内心的召唤，找到内心所渴望的方向，成为自己本该成为的那个人。

没有奢华的渲染，你仍如宝石般闪亮

我时常觉得，一个人灵魂的浅薄、庸俗与无聊，比物质上的匮乏更可怕。

女友悦儿生在二线城市的一座小镇，在家乡读书时，她是一个佼佼者，无论样貌还是才学都令人称羡。她家里的条件虽算不上很富裕，但在当地也算得上中上等了。高考之后，这个小镇姑娘背上行囊，走进了北京的一所知名高校。

然而，原本自信的她，从那个秋天开始，渐渐被一种自卑而烦躁的情绪包围了。

宿舍的室友人都不错，可悦儿总觉得和她们在一起有压力，这种压力来自室友的家境。室友谈论的名牌衣服，去的西餐厅、大剧院，悦儿在此之前根本没听说过；室友用的电子产品，全是一线最昂贵的品牌，对悦儿来说，就算买一件回来，也得发发狠心。

她唯一的骄傲，就是读书的成绩，可在不拘一格、丰富多彩的大学校园里，她的学习成绩似乎并不像以前那么引人注目了。

最尴尬的事还是每次和室友们的聚会。她不参与的话，总感觉自己太不合群；她参与的话，花销又很大。那段日子，她心里很矛盾，甚至有点怨恨自己的出身——如果我也生在大城市，如果我的家里也很有钱，如果……她越想越焦躁，越想越沮丧，没心思做任何事。

春节回家，她也是闷闷不乐。这半年，她在学业上没长进，心里的"杂草"倒是长了不少。心里的烦恼，她没有办法告知外人，整整一个寒假她都待在家里看书。奇怪的是，独处时，她的心宁静了许多，没有丝毫不满，也没有一点神伤。她突然觉得，没有高档的电子产品、奢华的衣装、昂贵的化妆品，生活一样可以很享受，比如此刻的自己，沉浸在文字的世界里，内心一样充盈、富足。

想开了，她心中的天平也就不再倾斜了。剩下的大学时光，她和室友的关系依然亲密，只是不再效仿别人，也不再希冀过和别人一样的生活。到毕业时，她已经连续三年拿到了奖学金，并在某杂志上刊登了十几篇文章。

时隔十年，我再见悦儿的时候，她在北京的一家杂志社里工作。她已经做了情感专栏的主编、兼职撰稿人，成了多少年轻女孩素未谋面的"知己"。在往期的一个专题里，她特别策划了"高贵"这个主题，并引用了这样一段话——

我相信没有不渴望过上高贵、快乐生活的人，但真正懂得高贵、快乐的生活从何而来的人却不多。在我看来，高贵、快乐的生活，不是来自高贵的血统，也不是来自高贵的生活方式，而是来自高贵的品格。

世上没有绝对的公平，许多事情也无法选择。没有人能得到所有美好绚烂的东西，也不是每个姑娘生来都有良好的家世，都能身穿名牌、与名利结缘。但这并不意味着没有美丽的资本，没有幸福的权利。绚丽的外表是一种上天赋予的荣宠，但高贵的内心才是永恒的魅力——再奢侈的物质，都无法弥补精神世界的空虚所带来的遗憾。

记得旅居法国20年的吉村叶子曾写过一本书，名叫《法国女人不花钱也优雅》。她指出，法国女人未必都很漂亮，但都散发着恬淡与大气。她们的优雅，不是光靠外表打造出来的，更多的是源自她们的生活方式，以及骨子里散发出的天生的优越感、高贵的气质和格调。

优雅，不寄生于物质之中，而存在于女人的心里。

姑娘，别再为了得不到的物质而妄自菲薄、怨气横生了！你应该明白，一颗高贵的心，胜过任何的奢华之物。优雅是由内而外的，当你懂得用丰富和美好来填充内心，消除了所有的自卑与焦躁时，就算没有精美的包装，没有奢华的渲染，你仍然是一颗闪亮的宝石。

醒来觉得，甚爱那个素颜的自己

认识子怡多年，我几乎没有见过她素颜的样子。

大学军训去的防化研究院，那么艰苦的日子，她都坚持五点钟爬起来，花费一个小时来涂抹各种护肤品和彩妆。正式上课后，由于家离得比较近，她选择了走读。每天在课堂上碰面时，她都化着浓浓的妆容，粉底擦得很厚，豆沙色的口红把整个人衬得很洋气。

子怡的妆化得很精致，可无形中还是会给人带来一种距离感。跟她不熟的同学往往会觉得这女孩不太好相处，但其实并非如此。偶尔，我会开玩笑逗她："有本事你卸了妆去约会？我请你吃一个月的饭。"

她撇撇嘴说："还是算了吧！我可没那个胆。告诉你吧，每天卸了妆以后，我都懒（不）得（敢）照镜子。"

　　大学毕业后，子怡到国外读研究生，之后留在国外工作，极少回来。起初，她还会在微博和微信上更新状态，发布一些照片，她依旧化着浓艳的妆容，穿着时尚的衣服，和原来没什么两样。后来，忘了是从什么时候开始，她就好像销声匿迹了，偶尔会晒出两张风景照，但她自己从未再露过脸。

　　一晃十年过去了。今年春节前，子怡回国了，我们借机见了一次面。此次会面，让我倍感惊讶。那个红唇白肤的女孩已经变得让我不敢相认了。她留着一头瀑布般的黑直长发，穿了一件米色的羊绒衫，素净的脸透出了一抹知性淡然的味道。

　　"咦，你居然敢不化妆出门啦？"我调侃地说。

　　"是呀，咱现在可是三十岁的女人了！越活越有勇气啦！"

　　子怡笑起来，眼睛弯弯的，像一道月牙。

　　"我就纳闷，什么东西这么强大，能让你'脱胎换骨'？"我忍不住问她。

　　"也没什么特别的，就是终于敢面对自己了吧！"子怡淡淡地说。

　　蜕变之后的人在说起过往的经历时，总是云淡风轻，但过程中的挣扎唯有他们自己最清楚。子怡故意把脸靠近我，说："你看，我的皮肤没有别人说的那么好。以前很怕被别人发现，就用化妆来掩盖，但这个东西治标不治本，越是化妆底子越差。以前，我特别享受别人夸我皮肤好的那种感觉，可每次卸妆后，我看着镜子里的自己，就想发脾气。"

"那后来……你怎么敢素面朝天了？"

"我读研一的时候，生了一场病。当时挺严重的，是我的室友把我送到了医院，那些天我已经顾不上仪表了，因为实在太难受了。没想到的是，室友居然跟我说：'你不化妆的样子，看起来挺清秀的，有一种自然的美。'那是我第一次听到这样的话，心里竟有一丝感动。那次病愈后，我就逐渐尝试化淡妆，甚至是素颜见人。

"起初，我还会有一点儿不适应，怕别人盯着自己看。到后来，越来越多的人跟我说：'Anni（子怡的英文名），你越来越漂亮了。'我才意识到，原来真实的自己没有想象的那么'见不得人'。不化妆以后，我觉得轻松了很多，好像有更多的时间去享受生活了，而不是每天想着怎么去掩盖不够白的皮肤、单眼皮……到最后，我竟也喜欢上了每天醒来时的自己，虽然看起来蓬头垢面的，但对着镜子照的时候，我没那么'讨厌'自己了。"

不知道是不是所有女孩都有过类似的经历和感受，至少我是有过的。从小到大，我的皮肤也不是那么好，脸颊上有着星星点点的小雀斑。为了这些雀斑，我跟自己较了很多年的劲，甚至认为它是遗传姥姥的，因此赌气不去看望姥姥。

很多年后，我在跟人聊天时，都不愿意直视别人的眼睛，生怕他们会嘲笑我的小雀斑。我还偷偷地哭过，埋怨生活不公平，为什么不让我长一张蛋清似的脸。我时常会留意周围的女孩，看是否也有人和我一样，再看看她们是怎么面对的？很可惜，在别人的身上，我始终没有找到自己的影子，不管怎么比较，都无法安慰那颗自卑的心。

有那么几年，我把所有的不顺都归咎于皮肤不好、长得不够漂亮。现在想想，我真是傻得可以呢！直到工作的第二年，我终于找到了自己的方向，逐渐步入奋斗的正轨。工作带给我成就感和自信，让我逐渐敢抬起头跟人交谈，也让我变得爱说、爱笑。奇怪的是，好像从此以后生活也变得顺遂了，小雀斑似乎并没有阻挡这一切的发生。

一次偶然的机会，表姐介绍我到医院皮肤科进行祛斑治疗。做完之后，小雀斑确实比以前少了，也淡了，但我突然发现，我的内心并没有多年前所想象的那么兴奋和激动，我的样子也并没有因为少了几颗雀斑而发生巨大的改变。

我终于意识到，所有的问题不是出在脸上，而是出在我的心里。

到现在，小雀斑依然没有彻底远离我，但我知道，其他人不会太把它当回事，除非我自己时刻把它装在脑子里。那天去逛街，我看到某品牌店的大海报上，一个金发碧眼的模特摆着性感的pose（姿势），脸颊上有着星星点点的雀斑，比我还要严重得多。

"模特脸上的那个东西叫什么？"心仪的男生问我。

"噢，雀斑啊！你看，我脸上也有的。"我大大方方地说。

"有人把这个东西视为幸运的象征……"他一本正经地说。

"是啊，我是觉得自己挺幸运的！"我笑着回应。

我们介意别人会发现、会嘲笑某一件事、某一个缺点，往往是我们自己对它心怀芥蒂；我们害怕别人不接受真实的自己，往往是我们自己不肯接受真实的自己。

敞开心扉，直视自己的一切，也许，你会发现——没有什么比自信来得更有底气了。

如果你有翅膀，就别怕树枝断裂

春节是催婚的高峰期，想必很多人都体会到了。我身边那些热心的七大姑八大姨，在给未婚的妹子做相亲简介时，说得最多的台词就是某人"有房有车""一个月赚多少钱"。在这个艰难的时代，尤其是在大城市里，有美满的家庭和坚实的依靠着实是幸事，为了这个心愿，也不乏一些牺牲爱情、向生活妥协的姑娘、小伙，为了找到一处栖息之所而选择婚嫁。

我从来都不排斥面包，却还是忍不住想毒舌一句：当面包从天而降的时候，别高兴得太早了。有些面包，真不是看上去那么好吃的；也有些面包，不足以让你吃一辈子。

在享受面包的那一刻，你应当思考的是：吃完了这一块，是不是还有下一块？万一没得吃了、没人给了，会不会饿着？毕竟，人生挺长的呢！

讲一件发生在我身边的事。

昔日的同学茜，是个典型的湖南妹子，拥有娇小的身材、乌黑的长发，写得一手好文，做得一手好菜，可谓才艺俱佳的女子。我们大学毕业那年，北京的房价开始猛涨，租房的价格也让人觉得难以承受。

当我搬进了城中村的出租房里时，茜直接从宿舍带着行李搬进了男友的家。周围不少人羡慕茜，说她太幸福了，毕业就有一个好去处——茜的男友是北京人，在市区有一套独立住房。如此，茜自然就不用当漂泊的"蚁族"。

当时，对我们这样初出茅庐的大学生来说，就算毕业院校的名气还可以，要找一份心仪的工作也不容易。茜的男友比她大五岁，是一家4S店的大堂经理，月收入还可以，因为没有住房压力，工资基本就是纯收益。看着稚嫩而暂无独立能力的茜，他总是有意无意地流露出一种优越感，甚至有点居高临下的气势。

现在想想，也许是男人的自尊在作怪，可他的那种姿态还是让人觉得不舒服。

茜是个泼辣的妹子，任性跋扈，两个人在一起后，经常因为一些小事争吵，谁也不肯让谁。终于，在一个下着雨的夜里，茜歇斯底里地冲他嚷嚷，男友一气之下，竟然脱口而出一个字：滚。从未受过如此屈辱的茜，拎起包就跑了出去。

她一边哭，一边跑，雨水和眼泪混在一起。街头的行人很少，开车的人更不会在意有个陌生的女孩在淋雨、在哭泣、在寻找去处。是啊，能去哪儿呢？茜在这个城市举目无亲，我问过她当时为何不给我打电话，她淡淡地说："我不想让任何人看见自己狼狈的样子。"她想起父母，哭得更辛酸。最后，她走进了一家酒店，在那里住下。

那一宿，茜彻夜未眠。她开始反思自己怎么会落到这步田地？

因为男友的关系，她毕业后就过上了"有房有车"的日子，别人说的北漂艰辛、租房难受，她浑然不觉。直到那天，她终于体会到了，也终于明白了，在此之前所"拥有"的东西太不真实，甚至与自己无关。她白天还在客厅里看着电影，看他发来的短信说："这么热的天，别去面试了，我能养活你。"可才几个钟头呢？自己就变成了一个无处可去的人。她一度被幸福冲昏头脑，在淋了这一场大雨后，彻底清醒：人无论到何时，都得有养活自己的能力。

第二天，她开始四处找房子，最后定了一间几平方米的合租的隔断间。之后，她到男友家收拾好行李，直接搬了过去。接下来，她投简历、参加面试，四处奔波。好在，她也算是一个有能力的女孩，很快就被一家厨具公司录用了。

做销售不是一件容易的事，她要熟悉产品，琢磨客户的心思，甚至还会遇到故意刁难自己的人。可是，想想那个雨夜发生的一切，面对再大的委屈，她都咬着牙吞下去了。

期间，男友打电话给她道歉，让她别再生气，哄她搬回去住，她都没答应。不过，两人并未因此闹到分手的地步，毕竟，对于那天发生的事，双方其实都有赌气的成分。茜原谅了男友，两人继续交往着，只是男友过去对她的那份傲气似乎少了许多。

在男友家做"金丝雀"的时候，茜想起工作的事就心生恐惧，还私下跟我说："我怕自己应对不了复杂的人际关系，怕不知道怎么处理难缠的客户……"

可真的进入了职场，她却觉得工作是一件挺开心的事，至少可以证明自己的价值，还能随意支配自己的金钱，给自己租一个不会被人赶走的"家"，更能在人与人的交往中看到从前看不到的人情冷暖。

茜的工作越来越顺利，工资也没那么微薄了。偶尔跟男友吃饭，她会大方地埋单，留下一个潇洒的身影。她依然会去男友的家做客，却不在那里留宿。有一天，她打电话跟我说，她打算按揭贷款买房子了，房子再小也是自己的家。

恰好，她家里有亲戚专门做单身公寓的房产销售，就是我们常说的1室0厅，但有单独的卫生间和厨房，面积也就30多平方米，总价也不算贵，就在地铁附近。对茜而言，这样的配置足矣。她付了最少比例的首付，还款期限定的是20年，这样平均到每个月的压力会小一些。

房子下来后，她热情地招待了我和其他几个朋友。我能感觉出，她有一种发自内心的自豪和踏实感。是的，这是她的家了，她有权利决定这里的一切。从此以后，不管和谁在一起，只要身在这个房间里，就不会再有人对她说"滚"，她也不会再流落街头，无处可去。

男友问茜："干吗花这个冤枉钱？地理位置不好，还得背房贷？"她调侃地说："我嫁，或者不嫁你，我就在那里，不悲不喜；你娶，或者不娶我，房子就在那里，不离不弃。"

三年前，我参加了茜的婚礼。婚宴后，她跟我说："如果从婚姻的角度打量我和他的关系，那么我觉得现在是最好的时候。我们俩可以一起分享快乐，在一方情绪不好或两人状态都不好的时候，可以各自关起门来冷静处理。现在的我们，才是真正平等、相互尊重的。"

我打心眼里佩服茜，至少在处理情感的问题时，她能够从某一件事中发掘出深层次的原因，并积极努力地去扭转局势。

身为一名新时代的女性，多少人跟我讲："不要那么辛苦，不要那么拼，男人征服世界，女人征服男人就行了。"我只是笑笑，没有反问和质疑，因为我知道，有些事情唯有自己亲身经历过，抑或亲眼看见过，才能彻悟。

工作是一个人安身立命、生存于世的根本，也是人生幸福的保障。无论男女，都应该有养活自己的能力，只有经济独立，灵魂才能独立。从这个角度上说，茜买的不仅仅是一间屋子，也是她的自尊和安全感。

我很喜欢那句话："一只站在树枝上的鸟儿，从来不害怕树枝会断裂。因为它相信的从来不是树枝，而是自己的翅膀。"

爱情就像是树枝，可以给你落脚点，但你却不能因此放弃自己的翅膀。他人给予的是人情和依赖，自强独立才是内心真正的归属。

我所希望的生活，不用依靠任何人的施舍，也不用受谁的制约，喜欢的东西自己掏钱买，去旅行不用担忧透支家用；我向往的明天，有奋斗的目标，有足够的信心去掌控自己的人生。

对我来说，这才是最大的财富和安全感。

别为了避免结束，便拒绝所有的开始

你说，你不爱种花，因为害怕看见花瓣一片片地凋落。是的，为了避免一切结束，你避免了所有的开始。

看到顾城说的这句话时，她哭了。这些年，为了避免结束，她拒绝了太多的开始。

卸下伪装的面具，面对真实的自己，她不得不承认，骨子里的自己是一个极其自卑的人。

她害怕挑战未知的东西，害怕面对不熟悉的事物，害怕丢掉狭隘的自尊，害怕独自体会失败。所以，很长的时间里，她都像柔弱的小猫一样，蜷缩在自己的世界里，贪图着安逸，维持着那份安全感。

考大学那年，她发挥失常，成绩比平时低了四五十分。这样的结果，她并不甘心，可在面临要不要复读的问题时，她坚定地拒绝了复读。她故作轻松地对周围的人说："没关系，读哪所大学都一样，现在找工作又不是单看毕业院校的名气。"

她这么说，旁人也便这么信了。其实，她在背地里哭了好几次，为自己的失败流泪，为自己的懦弱流泪。她实在害怕，怕复读之后，自己再次发挥失常，到那时，那骄傲的自尊该放在哪里？

18岁，她义无反顾地去了不熟悉的远方，读了一个不知名的大学，一个不喜欢的专业。填报志愿的时候，不少人都疑惑："咦，你那么喜欢英文，为什么不读英语专业？"

她说："英语现在已经是辅助专业了，读不读都无所谓的，学其他专业的同时，也能自学英语。"这样的解释，听起来恰到好处，可谁也不知道，她其实是害怕失败。考语言专业必须得通过口语测试，如果没通过，那么她唯一的尊严都会变得一文不值。

因为害怕失败，她与心中的目的地背道而驰，渐行渐远。

20岁，她再一次选择了逃避。这一次的逃避，给她的心灵留下了难以弥补的遗憾。

她喜欢上一个男孩，他性格开朗，阳光帅气，有理想，有抱负，从读大一开始就已经给自己未来的人生做规划了。每次跟他相处，她都觉得周身充满了正能量，是他身上散发出的气场感染了她，让她有一种想要变得更好的渴望。

她是那么想跟他在一起，让今后的每一天都变得璀璨耀眼。可是，她不敢说出那句话，她怕！怕自己不够漂亮，配不上高大帅气的他；怕跟他站在一起时，无法够得上"般配"两个字；怕自己家境平平，无法融入他那优越的家庭。她想，等自己变得足够优秀时，或许就可以坦白自己的心声了。

《傲慢与偏见》里说："将感情埋藏得太深有时是件坏事。如果一个女人掩饰了对自己所爱的男子的感情，她也许就失去了得到他的机会。"

有时候错过一时，便错过了一世。爱情这回事，当时没有抓住，过后就只有后悔，没有谁会一直在原地等你。当她毕业后，有了光鲜体面的工作，觉得自己足够优秀时，他已经漂洋过海，在海的那一端找到了自己的真爱。

她嘲笑自己的懦弱和傻气，他始终都不知道她的心思，又怎么会想到与她共度余生呢？现在的她，虽然比过去优秀太多，但是输了他，赢了全世界又如何？

年岁渐长，突然有一天，她觉得自己对生活失去了热情。在过往的岁月里，她错失了太多想得到而不敢去争取的人和事，人生的轨迹与理想中的模样大相径庭，从而留下了太多的懊悔。

因为害怕，所以逃避；因为逃避，所以失去。或许，是违背心愿，做了自己不想做的事；或许，是隐藏了深埋在心底的感情，错过了最爱的人；或许，是畏惧改变而得过且过，放纵了生活……待许久之后回过头看，她发现生活已经完全走样，当年出发时的起点，已经与现在不在同一条轨道上。

这一切是什么时候转变的？她竟然毫无知觉。

其实，你怕什么呢？人生中最大的痛苦，不是失败，而是没有经历自己想要经历的一切。有些事，尝试了，努力了，就算没有达到预期的结果，也可以坦然地说，我真的尽力了。

吴舒欣在《拥有，其实是另一种失去》里说得好："不要因为害怕失去，而不敢去拥有，否则，你就失去了人生。同样的，不要因为拥有什么，而担心它的失去，否则，你就失去了自我。"

想想看，毛毛虫把自己裹在茧里，从沉睡到初醒，睁开眼睛，无尽的黑暗充斥着整个世界，没有明媚的阳光，没有嫩绿的树叶，看不到春华秋实，看不到碧草蓝天。蜕变的痛苦折磨着它的身体，它试着挣脱黑暗的牢笼，挣脱灵魂的枷锁。它用柔软的头，一次又一次地冲撞厚厚的蛹，一次、两次、百次、千次……

在不断的尝试中，它变得强大，最终冲开丝茧，起舞翩跹。

不要因为害怕结束，就拒绝所有的开始，没有人会知道明天要面对的是什么。你想要破茧成蝶，就得勇敢尝试，每个人都是在尝试中成长的，绝无例外。

Imperfection
can be wonderful.

第二章

再平凡的人，
也可以有不平凡的梦

不完美　也可以　很美好

生活那么难，
我为什么还是要拒绝一份安稳的工作

不久前，姨妈劝我去报考社区工作者，这已经是她第三次给我善意的建议了。

姨妈走的就是这条路。她先是从政府部门的小职员做起，后来成为计划生育委员会主任，再到后来做了副镇长……一路到了退休。她觉得，这样的生活挺好，所以在给子女、后辈建议的时候，总会想让我们安安稳稳地过时光。

可是，对姨妈的好心提醒，我再一次坚决地说了"NO"。

我从不习惯在人前大肆地宣称自己有理想，可事实上，我真的有。在还可以奋斗的日子，我不想变成温水里的青蛙。

现实的例子就摆在眼前，我那曾以学霸著称的发小，已经当了三年的社区工作者，前几日她和我聊天，说工资低，想换个工作。我给了她好几个建议，统统被一句"我懒得动"打回了。于是，我不再多说。

无论是谁，想得到更多的东西，都没有错，可前提是你总要努力去争取，若拿懒做理由，那你想要的一切都是空谈。天上掉几个雨点是可能的，掉馅饼纯属妄想。

我不想以偏概全。有人喜欢过踏踏实实的小日子，安稳的工作是不错的选择；有人在安稳中谋求着发展，我也为之高兴。至于我，为什么拒绝去做一份安逸的工作？一不是嫌工资低，二不是自恃清高，只是当我现在还有力气去追寻理想的时候，当我的人生还有无限种可能的时候，我不想就这样放弃，我想试试。更重要的是，我也害怕，自己会在安逸中被"模式化"。

什么是"模式化"？

电影《肖申克的救赎》里有一处令人震惊的情节：在监狱里服刑多年的老布，终于在暮年之时走出了高墙，重获自由。对于一名在押的犯人来说，重获自由该是多么令人兴奋而激动的事。然而，这样的观点却被老布的选择彻底颠覆了。走出监狱不久，老布在一间狭小的房间里上吊自杀了。谁也没想到，老布竟然以如此震撼人心的方式退出了人生的舞台。

不完美也可以很美好

040 ›

　　瑞德说，老布是被"模式化"了。所谓"模式化"，放在监狱这样的环境下，就是"起初，你讨厌它；然后，你逐渐地习惯它；足够的时间后，你开始依赖它"。

　　可怜的老布，在监狱度过了50年，几乎就是一生的时间。也许，老布在刚刚进入这种模式时，也曾和所有刚刚进入这里的"菜鸟"们一样，愤世嫉俗，试图反抗。最后，他又跟大部分的囚徒一样，发现反抗等于徒劳，于是慢慢地接受并适应了这种模式，最后对这种模式产生了严重的依赖。

　　老布的灵魂和肉体，已经完全被监狱里的生活模式固化了，在垂暮之年却被放逐到模式之外，此时，他无异于一个胎儿被斩断脐带。监狱里的经历已经夺取了他对生活的希望——他已经没有了生活的目标，在他的世界里，剩下的只有监狱的高墙和墙里的犯人。离开了监狱，老布也就失去了整个世界。他的人生游戏，没有了任务，也就没有了玩下去的动力。

　　"模式化"实在太可怕，它一刻不停地侵袭着你的身心，就好比慢性毒药，一旦发作，就不可回头。

　　有一本关于纳粹集中营的回忆录中写道：解放的时候，美军发布了一条命令："不能给他们太多食物。"因为，刚被放出来的囚徒，面对充足的食物，可能会被撑死——失去了食物太久，他们的胃已经对食物消化不良。

其实，人何止是会对食物消化不良，还有许多东西，自由、希望、理想、勇气、安逸，等等。就像卡夫卡说的那样："人的一生就是在找一个笼子，找到之后，自己蹲进去，然后才会觉得，这儿很安全。"

在《肖申克的救赎》中，如果男主人公安迪也变得麻木不仁，也被"模式化"，那么他的结果比老布好不到哪儿去。所幸，他和老布不一样，他知道有些东西是高墙禁锢不住的，比如心灵，比如希望。他时刻保持住清醒和内心的柔软，为了通往太平洋海岛的自由筹划着。所以，他的人生游戏，玩得比老布精彩。

我是自由职业者，我喜欢做设计，我在一年的12个月里从不让自己闲下来。幸运的是，在自由中保持一份自律，我能够做到。

我在打拼中认识了各种各样的人，也获得了难以用语言表达的存在感。生活是很难，我要自己缴纳社保，我要自己寻找业务，我要加班加点写方案，我要半年甚至一年才能收到回款，穷的时候就剩下几百块钱……

但我喜欢这种在路上的感觉，喜欢为了梦想义无反顾的自己。我不想年轻的生命被安逸卡住，待到有一天躺在摇椅上，感慨着还有那么多未完成的梦！仅此而已。

在生命离场之前，我要彪悍地活下去

2010年，美国有线电视台Showtime精心打造了一部黑色幽默剧*The Big C*（中文名《如果还有明天》），由三次获得奥斯卡提名的女演员劳拉·琳妮主演。

片名中的"C"有两层象征意义，一是女主角的名字Catherine，二是可怕的癌症Cancer，故事的主线则是女主角在得知自己患了癌症之后的一系列悲喜故事。

和千千万万普通的女性一样，Catherine在过去的四十年里，就是一个按部就班生活的中学教师兼家庭主妇。然而，有一天，她却被告知患上了癌症，这突如其来的消息，实在让她有点崩溃：家里有一个童心未泯的丈夫，一个处在青春叛逆期的儿子，外加一个极端反对消费主义、受过高等教育却过着流浪汉生活的弟弟。这些年，她就像在照顾三个没长大的孩子。如果自己的生命只剩下为数不多的日子，那么，她该如何面对生离死别，剩下的日子要怎么过？

回顾自己这些年的生活，她始终压制着内心的欲望，努力做一个好妻子、好母亲、好姐姐，偶尔偏执一次，就会被亲人们说成顽固古板。现在，她得了癌症，却不敢开口告诉身边的任何一个人。有一次，她跟弟弟在海边散步，把事实说了出来，弟弟听了之后像发疯一样，她连忙解释说是自己在开玩笑。

她明白，这些亲人向来都是需要被照顾的人，而现在的她根本没有那么多精力去一一安抚每个人的情绪。

她唯一能做的就是换一种活法，去做那些一直想却始终不敢做的事。

她提出跟丈夫分居，好好珍惜跟儿子在一起的时光；她不再考虑晚年的生活，把退休账户里的钱全都取了出来，不像以前那样买个沙发还要琢磨许久，小心翼翼地计划着花钱；她去喝昂贵的香槟，为了在"仇敌"面前出一口气而买了一辆豪华的红色跑车；她假扮医生的女友，为了获得遐想的快乐；她尝试了各种稀奇古怪的抗癌方法……

她变得很"大胆"，俨然换了一个人。癌症给Catherine带来了痛苦，也让她有机会尝试另一种生活。

不过，当心里隐藏着不可告人的巨大秘密时，无论是谁，都会感到压抑和痛苦。幸好，上天让Catherine找到了一些释放的出口。

她的邻居Marlene是一个脾气古怪的老太太，而她也是除了医生之外知道Catherine患癌的人。她们之间从敌对到友好，经历了一个戏剧化的过程。她很意外，Marlene竟然脱口而出："你得了什么癌？"

因为Marlene也患了癌症，所以，她了解并懂得Catherine。那一刻，Catherine不那么孤单了，她终于能在他人面前倾吐出心声。

她的第二个朋友是病友Lee，同样的病况让他们之间有了一种惺惺相惜的感情。有些无法对家人诉说的感想，在病友面前都可以一吐为快。Lee对生命充满了热情，他患病的时间比Catherine要久，所以，她所经历的生理和心理上的变化，Lee都可以感同身受，并给予引导。

Lee活得很洒脱，Catherine永远不能够跟他一样，她有家人、有朋友，但她在精神上深受Lee的影响。最终，在Lee的鼓励下，她参加了马拉松比赛，去挑战生命的极限——就算最坏的结果是死在马拉松跑道上，也好过死在冰冷的病床上，至少生命有了一次放肆的机会。

抗癌小组的人们对Catherine说，癌症是走向梦想生活的通行证。Catherine尝试过把癌症变成快乐，可她欺骗不了自己的内心，她痛恨它、厌恶它、恐惧它，因为它让她痛苦、冲动、粗鲁。可同时，癌症也带给了她前所未有的勇气，让她能够跟过去无法释怀的种种纠结说一声再见，让她落落大方地看淡一些东西，释放真实的灵魂。

当癌症已成为不可更改的事实，Catherine能够做的事也是有限的，她不是上帝，许多东西她无法掌控。即便选择了承受，付出了所有的努力，挨过了一次又一次的折磨，获得了星星点点的希望，死神的魔爪依然还是伸向了她。

Catherine害怕，可她知道，自己不能倒下，尤其是为了儿子和丈夫，为了兄弟和朋友。这一切都值得她为之战斗，争取留在世上的时间再多一点。她在车库里为儿子准备了未来很多年的礼物，每个礼物上都有一张卡片，就算未来的那一天她不在了，她依然希望儿子能够感受到母亲的存在，以及那一份纯粹伟大的母爱。

最终，Catherine还是离开了，但微笑始终挂在她的脸上。在人生的最后一段路程里，她已经没什么可遗憾的了。那看似不听话的儿子，其实在背后暗暗努力，给了她一个学业上的惊喜；那童心未泯、充满孩子气的丈夫，在得知她的病情后，开始学会了承担，他有的不多，能做的有限，可已付出了全部。

更重要的是，在生命被宣布要提前离场的时候，她活出了不一样的自己，没有浪费剩下的分分秒秒，为自己爱的人和爱自己的人，用力地、尽情地活过了。

没有谁可以预见到未来，也没有谁知道自己是否有一天会经受同样的遭遇。但旁观Catherine的人生经历，我们学会的是一种生活态度：“我要彪悍地活下去。不是因为微风的抚慰，不是因为土地的滋养，不是因为阳光的照耀，而是心底那份对生活的信仰为自己找到了向上的出路。”

无须讨好世界，
且让自己干净舒服地活在人间

忘了是谁说过："一个人最舒坦、最安心的感觉，是觉得自己是一个好人。"

到了现实中，情况却往往不是如此。当周围的人都开始埋怨我们的时候，即便我们知道自己本不"坏"，甚至还有一肚子委屈，也很难被正名。

M是个家庭主妇，生得一副好脾气，做得一手好菜。每次，丈夫带朋友和同事到家里聚餐，她都笑脸相迎，沏茶倒水，准备丰盛的饭菜；饭后，别人打麻将、闲聊，她在厨房收拾碗筷。

唯独有那么一天，她身体不舒服，家里来了一群人，她没给大家准备餐点，也少了往日的笑颜。

结果，大家扫兴而归，嘴里念叨着："她怎么变成这样了？是不是不欢迎咱们来？还不是觉得她做饭好吃才让她做的嘛，有这么点本事就不知道东南西北了。"

L是亲朋好友中出了名的"热心肠"，大家生活上有困难的时候找他，做不完工作的时候找他，搬不动货物的时候找他，还不上钱的时候找他，没空照顾花草、宠物的时候还会找他。他除了自己的生活之外，还负担了各种人的各种生活。

然而，有一天，热心的他因为有急事要做，拒绝了帮邻居照看宠物。

几天之后，邻里间就传开了这样的话："人都是会变的呀！以前总说什么'远亲不如近邻'，现在这社会真是越来越冷漠了。瞧瞧L，连个宠物都不愿帮忙照看，真没爱心。"

R在公司里深受领导赏识，领导觉得他能担大任。公司安排员工集体活动的时候，领导担心公司有什么突发情况没人处理，就语重心长地跟他谈了谈，希望他能留守，并标榜只有他具备独立处理要务的能力。许多次，他都应允了。

唯独有那么一天，他自己的分内事没做完，着急忙慌地赶任务，没承担其他的工作。

为此，领导心里就有了不满，私下跟助理说："他太自负了。

我经常分配工作给他，那是看得起他，让他帮同事分担一点，又能怎么样？"

Y是一家公司的产品推广经理，之前他帮公司顺利推广了几项新的产品，收益颇丰。公司再次推出新品的时候，老板给他加压说："这次的产品能不能有效地被市场认可，全靠你啦！"

可惜，市场变幻莫测，Y所安排的一系列推广活动，并未引起预期的效应。老板闷闷不乐，说他有点飘飘然，对工作不负责任，明知道公司花费重金打造该产品，却不尽力做推广，摆明了是拿公司的钱"打水漂"。

H向来善解人意，无论谁有什么烦心事，她都是最好的倾听者。朋友失恋了，打电话给她；朋友吵架了，找她见面诉苦；同事丢东西了，在她跟前发牢骚。每次，她都会停下手里的事，安静地听他们说，挖空心思来安慰一颗颗受伤的心。

可是那天，她的孩子生病住院了，丈夫又不在身边，脆弱的她心里焦急，根本顾不上其他的事。偏偏这个时候，朋友打电话过来，说起那老生常谈的婚姻琐事，她心情不好，拒绝了倾听朋友的牢骚。

朋友一时接受不了她的"转变"，突然将愤怒转移到她的身上，说："世界上又不是只有你一个人了，跟你说是因为拿你当朋友，跟我摆什么架子啊！这次真是看清你了。"

诸如此类的事，你是不是也遇见过？一直做着别人眼中、口中的好人，付出了大量的时间和精力，却很少有人真正替你考虑。当有一天，你也遇到了难处，不得已改变过去的某种习惯，就被人冠上"你变了"的帽子，似乎从前真诚付出的一切，也成了一种虚伪。尽管你心里知道自己是一个好人，并没有改变，但你无论怎样都开心不起来。

几年前，有一部热播的电视剧《我的青春谁做主》，里面的帅气男医生高齐说过这么一句经典的台词："好人都是被架上去的，一旦架上去就下不来了，所以就只能一直当好人。"

当好人太不容易。你累了倦了，想歇息，就可能会从好人变成恶人；你一个人坚强久了，受伤渴望安慰的时候，别人也认为你能扛；你包容了周围所有的人，笑脸相迎，别人对你开玩笑的尺度却越来越大，根本忘了你的感受。

其实，何必非要强迫自己在任何时候都做一个好人呢？在岁月的剪影中，只要努力做一个干净、和善的人，就是对心灵的一种净化，也是对生命的一种尊重。

真的不必用好人的标签束缚着自己，好人的头衔只能保一时平安，却不能求长久无事。许多事只要尽力了，问心无愧，就不必在意别人怎么看、怎么说。况且，在某些情况下，说"不"既可以让自己幸福，又可以让他人受到尊重。

学会过滤吧！过滤自己的思想，过滤自己的灵魂，过滤那些不必要的束缚与偏见。生命只有一次，无须花尽心思讨好世界，与别人和谐相处的同时，且让自己干净舒服地活在人间。

很多时候，你和别人没什么不同

我和朋友在一间餐厅里小聚。不多时，邻桌的一位女士开始打电话，提到了婆婆、孩子和婚姻，看样子是在跟丈夫通话。那位女士越说情绪越激动，最后竟然开始爆粗口，吵嚷了半刻之后，气急败坏地走了。望着那女士离开的身影，朋友摇了摇头，低声地跟我说："何必呢？就算真的过不下去了，好聚好散，用不着像仇人似的吧？"

我们继续天南海北地聊着，后来谈到了家庭的问题。朋友和丈夫都上班，孩子一直是婆婆照看的，两代人在如何管教孩子的问题上存在很大分歧，婆婆的不少做法让朋友心里很不满。她像压抑了很久终于找到发泄的机会那样，和我说婆婆如何溺爱孩子，丈夫在这个问题上立场多不坚定……

我看着她，不禁觉得好笑，说："你现在不也发脾气了吗？只是分贝低了点，没刚才那位美女的火气大而已。"

其实，很多人都曾犯过类似的错误，包括我自己。我们觉得自己的内心世界是"完美"的，和那些看起来"穷凶极恶""爆粗口""素养不够"的人完全不一样。事实上，很多时候，我们与他们并没有那么大的区别，只是所处的立场不同，没有置身于其中，经历他们正在经历的事，所以才会主观地"评头论足"。

我曾在地铁上，看见一位母亲对年幼的孩子破口大骂。我当时就想："这个女人太过分了，大庭广众之下也不注意一下自己的形象。再怎么说，孩子也是有自尊心的，怎么能这么训斥他呢？将来我要是有了孩子，不管碰到什么事，都不会这么发脾气。"

许久后的一天，我回到家，突然发现自己电脑桌上的水晶球不见了。我问家人才知道，原来是顽劣的侄子去我房间里玩闹，不小心把那水晶球给摔碎了。那个水晶球是一位旧友出差时给我带回来的，我特别喜欢。虽然心里很明白孩子只是无心犯的错，但我还是忍不住大发雷霆，在家里喋喋不休地抱怨了一番。

发过脾气之后，我突然想起地铁上发生的那一幕，心里很惭愧。原来，我也会像那个女人一样对待孩子，我也会有缺少宽容和耐心的时候。

德国作家托马斯·曼说："不要由于别人不能成为你所希望的人而愤怒，因为你自己也不能成为自己所希望的人。"

那些我们不喜欢的人、看不惯的人表现出来的特质，我们身上也有。之所以讨厌他们，只是因为他们恰巧表现出了某种我们自己也有却不愿意承认的特质。当我们伸出食指指着别人的时候，中指、无名指和小指都在指着自己。

如何来避免这样的行为出现呢？

大家都知道，有个词语叫作"换位思考"，生活中，一旦发现自己开始挑剔和厌恶别人所表现出的某些特质时，就可以用它来提醒自己。如此，你便能想通很多问题。

一个青少年整天不务正业，不是泡网吧，就是跟别人去打架，对自己的父母也不尊敬，甚至还总是埋怨。看到他的种种行为，相信很多人的第一反应都是"这孩子太不像话了""这孩子没前途""简直就是不孝子"。

他为什么会变成这样？假如你跟他一样，从小父母离异，没有家庭的温暖，周围的邻居看不起自己，在学校里经常遭受同学的冷眼、老师的训斥，幼小的心灵如何能够承受？

或许，换一种情境，我们的表现并不会跟他有多大的不同。

我们时常觉得，当面不留余地地指责别人是一种没有修养的表现，却很少有人认识到，没有置身于当事人的立场，感受不到对方的心情，主观地评头论足，也是一种苛刻和浅薄。毕竟，这世上没有那么多的感同身受。

要避免这样的刻薄，让自己更清醒地看到事物的本质，就要尝试设身处地、将心比心，把自己想象成各种各样的人——快乐的人，悲伤的人，贪心的人，吝啬的人，暴躁的人，等等。当我们发现自己也有可能成为像他们一样的人时，就多了一份理解。

只有看到了事物的本质后，我们才会知道自己该从哪些地方去提升、去完善，逐渐成长为一个更好的人。

我们都有权利做生活中的舞者

我一直很喜欢严歌苓的作品，她笔下的女人永远是漂亮的、有思想的、浪漫的，敢于去追寻想要的人生和爱情。就像前几年看她编剧的《娘要嫁人》，触动就很大，只是我迟迟未动笔，写一篇像样的东西。

我不想单纯地写影评，而是想谈谈浪漫和艺术对人生的意义。在《娘要嫁人》的故事里，最触动我的，就是那些在平淡甚至惨淡的日子里，对艺术坚持不懈、对生活满心热爱的人。

女主角齐之芳，是一个肤白貌美、生活讲究、热爱唱歌的女人，可惜生活不随人愿，她的丈夫在消防大队工作时，因出勤救援而牺牲，留下她和三个孩子。

生活不易，一个寡妇带着三个孩子，日子可想而知。可日子再难，她走出家门时依然是优雅的、美丽的。她穿戴整洁，梳着一条美丽的辫子，经常在电报局里带领别人唱歌。在舞台上，她就像一颗璀璨的明珠，闪闪发光，你丝毫看不出她在生活里窘迫的一面。她热爱艺术，崇尚爱情，歌声打动了自己，也感染了周围的人。

都说艺术能够陶冶人的情操，我坚信，热爱艺术的女人内心都是纯粹的。齐之芳面对不同的追求者，一直坚守着自己的爱情底线，遵从自己的初衷，只选对的，而不是轻易地出卖自己的幸福。与剧中那些肤浅的邻居妇女相比，她并没有变成一个世俗的、为物质和其他条件放弃爱情理想的女人。

有句话说，父母是孩子最好的老师。起初我不懂，只觉得齐之芳很特别，直至看到她的母亲出场，看到在一场场家庭厮打中她所表现出的淡定从容，我才知道，这是耳濡目染的力量。这个充满智慧的老太太，宽容大度，端庄大气，永远不急不躁，笑脸盈盈，对生活、对婚姻有着乐观的精神，也有着自己独特的见解。看着女儿悲惨的命运，她安慰着说："没有一个人的心不是千疮百孔的。"

在面对市井儿媳小魏的大吵大闹时，无论自己多不喜欢、多看不惯，她依然保持一份淡定，在房间里用老式的留声机放一张碟，轻哼着音乐。到最后，老伴儿去世了，她干脆带着随身听，沉浸在音乐的世界里。艺术，给了她一份如水的心境，也给了她一份最端庄、最淡然的气质。

崔淑爱，一个爱音乐、爱弹琴的女人，先是无端地被卷入一场误会中，让人以为她是王燕达的情人。事实证明，他们不过是同样热爱音乐的朋友。后来，她那优雅、文静、知书达理的性情，深深打动了齐之芳的哥哥。

严歌苓用崔淑爱的存在，与那气死父母、侮辱妹妹的市井女人小魏形成了鲜明的对比。艺术带给她的，是不愠不火，是通达善意；而不懂艺术、从未被艺术熏陶过的小魏，在岁月的冲刷和浸染下，变得庸俗而肤浅。就像剧的末尾，齐之芳的女儿说："或许，舅妈（小魏）原不是那样的人，是岁月把她变成了那样。"

岁月对每个人都是公平的，看你选择用什么样的态度去生活，抱着一颗怎样的心去生活。热爱艺术的人，生命里总会闪烁着动人的光华，那是精神上的支撑与引导。

这些年，我在生活里见过不少谈吐不俗的优雅女性，她们大都热爱着艺术，并让艺术成为自己生命的一部分。她们不会用大把大把的时间来看冗长的偶像剧，也不会一心沉浸在柴米油盐的算计中，更不会在人前人后搬弄是非，传什么八卦新闻，却在该说话的时候说出有思想、有见地的想法。

她们可能会去听一场音乐会，看一场画展，学一门技艺……和这样的女人聊天，感觉是一种享受，她们所说的话，总显得很有格调，给人以启发。她们对音乐、绘画、文学、生活都有自己的看法。

生活对任何人来说都不容易，随着年龄的增长，我们还会感到有点累，因为要顾及的人、顾虑的事太多。正因为此，我们更需要艺术。这就如同，在冬日的寒风里送自己一件暖暖的外衣，在夏季的雨天给自己撑一把伞，用艺术来帮助自己抵抗岁月的侵袭，让自己在忙碌与辛苦中不失格调。

当然，金钱和艺术是两回事。许多人有钱，可未必懂得创造和品味高雅的生活。热爱艺术，不是为了做给谁看，不是附庸风雅，拿出来作秀，而是用一种恰当的方式，把自己看到的、感受到的东西表现出来，这是一份对生活的感知与热爱，是心灵上的东西。

我身边有一位从事画展工作的女性朋友，平时经常去美术学院跟教授学习油画。她曾经写道："生活的变动太大，什么都可能背叛你，可唯独艺术不会。就算全世界的人都背过身去，可绘画还是我最可靠的朋友。它是有生命的，它源自生活里的点点滴滴。每一件作品，都是我用心、用生命刻画的，都注入了我的灵魂。我喜欢用这样的方式表达自己的感情和思想。在绘画的世界里，我学会了独立，学会了用感受去激活生命，那是生命和心灵的接力。"

　　还有我在健身房里认识的一位女子，民族舞跳得非常棒。就连教舞蹈的老师都被她的气质打动了：曼妙的身材，优雅的步伐，微微扬起的头，挺拔的姿态，真是太美了。接触过她的人都说，她看上去至多30岁，但实际上，她已经39岁了。她现在经常陪着女儿去学舞蹈，自己也练习，不为成为多么优秀的舞者，只为陶冶情操，丰富气韵。当然，跳舞给她带来的还不止这些，在多年的舞蹈生涯里，她还学会了审美，活出了一个不一样的青春。

　　我们不一定都能成为舞台上的舞者，但绝对有权利选择做生活中的舞者。坎坷与不平难以避免，可不管遇到什么，艺术都能够给我们带来一份舒心的安慰。热爱艺术并把艺术融入生命中，就不会歇斯底里地发泄情绪，而是会感受艺术带来的情怀与安抚。

　　也正因为此，被艺术熏陶的人才不会陷入心灵的囹圄。艺术带给我们的，远比想象中要多。

世界上最大的谎言就是"你不行"

我第一次学跳舞，是四五岁的时候。当时，姑姑在一家少儿艺术学校做舞蹈老师，有空就会让我和年纪相仿的表妹压压腿，做几个舞蹈动作。

表妹很机灵，而且喜欢在人前表现，学得特别快。和她相比，害羞的我就显得笨拙一些，倒也不是做不来那些动作，只是有点不好意思。姑姑比较严厉，每次见我跳得不好，就训斥我。她越是说我，我越是放不开，最后姑姑干脆不让我跳了，说我手脚不协调，动作太僵硬，不适合做手脚配合的事。

当时的我已经有了记忆，姑姑的那番话，在后来的很多年里都没能从我心里消除。上小学的时候，舞蹈队挑选学生，老师们都觉得我不错，可我偏偏不去，还找个借口跑到了歌唱团。上中学的时候，校篮球队选拔学生，有人推荐我去参加，我心里还是觉得自己不行，心想着别人三步上篮的时候都挺漂亮，到我这里若是动作僵硬，一定会被人嘲笑。当然，这件事我从来没有向别人说起过。

直到上了大学，开始自由报选修课，我在宿舍同学的拉拢下，报了健美操。一开始，我心里别提多紧张了，总是担心自己手脚不协调，害怕自己跳得难看而被人笑话。可来都来了，硬着头皮学吧，不行再说。

或许是因为年龄大了一些，没那么害羞了；或许是因为跟宿舍的同学比较熟悉，外加上课的很多同学也表示自己从来没有跳过舞，我的心理压力便减轻了许多。老师教得很仔细，先分解动作，再慢慢地连接起来，我发现自己放得开了之后，学得一点也不费力，而且动作挺标准的，老师也夸我不错。再看看周围的那些同学，真的有人手脚不协调，比我想象中要严重得多，可她们并不在意，跳得还是很起劲。

我第一次觉得，其实我是完全可以做好跳舞这类活动的，我并非手脚不协调，我跳得很好。这些年来，我只不过是被姑姑的那句话"束缚"了——那句话就像是一道围墙，我站在里面，看着里面跳舞跳得不完美的自己，认定了自己的肢体表达能力差。

长大后的我，摒弃了儿时的那股羞涩，鼓起勇气在墙内翩翩起舞，没想到那道墙就不攻自破了。墙外面的人看到翩翩起舞的我，投来了欣赏的目光，觉得我跳得挺"完美"。

当然，这件事还没能让我彻底摆脱对自己的怀疑。大学毕业后，我去驾校学手动挡的车。谁都知道，开车也是一件需要手脚相互配合的事。一开始，我和参加健美操时一样，紧张得不得了，可到了真的上车、开车、练习各个项目的时候，几乎每个教练都说我的"车感"不错，学得很快。可喜的是，所有科目我都一次通过了，顺利拿到驾照。

从那之后，我不再怀疑自己肢体表达能力差了，因为在"墙外"，我听到了不一样的声音，而且，他们所说的跟我自己所感受到的一样，真实的我并非手脚不协调，我在这件事上即便算不上完美，但也绝不像姑姑所说的那般差劲。

从这件事之后，我思考了很多。有时，我们自己眼睛看到的、耳朵听到的，那些关于自己的好与不好、完美与不完美，未必就是自己真实的样子。或许，它们只是真相的一些"截图"、一些"片段"，恰巧在它们呈现出最好或最差的一瞬间，被别人撞见了，或是被我们撞见了，然后便下了一个结论。如果我们此后一直坚信，这就是事实，那或许就掉进了一个走不出的困局。

最近常在电台里听到一首歌："世界上最大的谎言就是你不行……"每次听到这句歌词，我的内心都会一阵悸动。一句"你不行"，砌成了心灵的"围墙"，限制了我们的思维和视角，也断送了人生的多种可能性。其实，那堵"墙"不过是一个摆设，轻轻一推就轰然倒塌，就看你有没有勇气和自信去推它。

一旦推开它，迎接你的，就是另一片天。

不畏成长和改变，才能鲜活地盛开

我们每个人的内心都有自己想要的"奶酪"，我们追寻它，想要得到它，因为我们相信，它会带给我们幸福和快乐。而一旦我们得到了自己梦寐以求的"奶酪"，又常常会对它产生依赖心理，甚至成为它的附庸。这时如果我们忽然失去了它，或者它被人拿走了，我们将会因此而受到极大的伤害。

你看过《谁动了我的奶酪》吗？那是我非常喜欢的一本书。

文中提到的"奶酪"，是一种理想的化身，或许是生活，或许是感情，或许是事业。追求的过程是艰辛的，一旦得到了，会感到无比满足和舒适。但在满足之后，我们的心理会陷入一个舒适区，待在里面不想出来，抗拒外界一丝一毫的改变。但凡有风吹草动，就会变得患得患失，害怕失去，害怕未知事物的到来。

初出茅庐时，她也是一个有想法的女孩：想进入新闻行业做一名摄影记者，关注人间百态，透过万象揭露深层的原因，引发共鸣，间接影响千万人。只是，通往理想的路太拥挤、太艰难、太孤单，她试了无数次，失败了无数次。

最终，她唯有把这份理想深埋在心底，务实地选择了一份能够养得起自己的工作，想着有朝一日，有了足够的资本，再重拾理想。

她从事的工作与理想可谓"风马牛不相及"。起初，她在一家广告公司做客户执行，熟悉了广告行业与工作环境后，她开始慢慢试着做文案。靠着敏感的思维和优秀的文笔，这份文案工作她做起来得心应手，也得到了公司的认可。然而，工作上找到了成就感，并未让她就此忘记了心中那份蠢蠢欲动的追求理想的欲望。

2008年，汶川遭遇大地震，她无意间在一个视频中看到，主持人连线的某记者竟是自己昔日熟识的朋友。阔别几年，曾经那个不起眼的男生，如今已成了某报社的新闻摄影记者。

她在网上搜索了那男生的名字，相关的信息很多，其中一则视频吸引了她的好奇心，那是男生为自己制作的一个有关"追梦"的短片，里面记载着他从初入职场到努力成为一名新闻摄影记者的过程。

她不得不承认，自己的心受到了强烈的触动。眼见着别人在追梦的路上不离不弃，而自己只在原地踏步，她说不清楚，内心涌出的究竟是一种挫败感，还是一种驱动力。

现在，要开始重拾梦想么？

她反复地问自己。答案是模糊的，身体里有两个自己在打架。

一个自己坚持着最初的梦想："这辈子，你应该做自己想做的事，至少要拼尽全力去争取。之前你没有成功，也许是机遇的问题，但扪心自问：你真的尽全力了吗？"

另一个自己却发出反驳的声音："现在的工作很稳定，而且收入高，走到这一步也很不容易。如果奔向了心中的理想，就意味着要放弃眼前的一切，且未必能收获好的结局。再说，现在的工作已然驾轻就熟，换一个行业和领域让自己重新开始，不知要面对多少艰难，也不知是否真的适合自己。再扪心自问，27岁了，还有多少时间和精力能够支撑自己去冒险？"

就在无所适从、不知如何抉择的时候，她想起了昔日的女友。

电话打过去，她滔滔不绝地诉说自己遇到的烦恼，奇怪的是，一向善解人意的女友，这回却并未直言相劝或是给出建议，只是轻轻地说："我想告诉你一件事，明年我想去加拿大留学。"

她怔住了。女友29岁了，至今单身，现在竟要去留学，简直不可思议。毕竟，快30岁了，时间成本要考虑，高额学费要准备，为了应对各种考试，眼前的稳定工作要放弃，还要舍弃家人、朋友的陪伴，并适应生活的巨大变化……她想象不出，这需要多大的勇气。

然而，女友只是淡淡地说："我对眼下的生活不太满意，也不甘心就这么放弃梦想。我知道自己已不再年轻，但也正因为渐渐年长，我比年轻时更理智，更知道自己在做什么。未来会怎样，我不知道，我只知道，若是没有努力地活过，会终生遗憾。"

别人千万句的好言相劝，都敌不过亲眼看见一段与众不同的人生。

女友对她的事没做过多的评议，但女友的决定却已给了她答案：不要害怕改变，不要害怕未知，尽管你可能会因此失去一些好的东西，但你也可能会得到一些更好的东西。

挂断电话，她望着自己桌上那瓶干花，思绪万千。花是去年风干的，依旧保持着当时盛开的样子，颜色几乎没有改变。不少朋友来家里做客都以为它是鲜活的，一摸才知道是干花。

她不由地感叹，时间带来的变化真让人吃惊。这束花，放弃了改变，停留在了自己生命中某个相对繁华的时刻，保持着盛开的模样。同时，它也失去了生命，失去了成长、改变的机会，不可能再拥有那盛开的气象——它成了世人眼中的风景，却无法成为它自己。

想到自己的人生，不正像是这束花吗？害怕变化、害怕未知，却不知变化和未知才是活着最好的印证。如果就停留在此刻，没有改变，没有未知，没有未来，那又怎能称之为活着？

人生有许多种活法，没有哪种方式是最好的，重要的是看你追求的是什么。你要什么，就要以怎样的姿态投入其中。

我们都是在行走在路上的人，行走是常态，变化亦是常态，唯有不断成长，不畏改变，才能永远鲜活地盛开。

Imperfection
can be wonderful.

第三章

错过你，
却成就了最好的自己

不完美 也可以 很美好

你永远等得起一份对的感情

青春飞扬的日子里，她们宛若一株三色堇，亮丽而鲜活；尘埃落定的日子里，她们的人生历经变迁，截然不同。十年的岁月，改变的不只是容颜，还有人心与思想。

白裙女孩，拥有乌亮的头发、白皙的皮肤，从中学时代开始，身边的追求者络绎不绝。她总有那么多出乎意料的关怀与呵护，总有那么多温暖目光的追随。或许，她本无心过早地品尝那酸涩的情感，可在懵懂的年纪里，自制力终究敌不过那诱人的"青苹果"。

高中时，她开始了一场奋不顾身的"爱情"，荒废了学业，导致高考落榜。母亲苦口婆心地劝她与男孩断绝来往，再复读一年，她说什么也不肯听，最后丢给母亲一句话："你别管了，让我自生自灭吧！"是的，她害怕错过那个男孩，飞蛾扑火也认了。

到了20周岁，她迫不及待地嫁人了。她原以为，幸福就会这么延续下去，没想到，真正的生活才刚开始，爱情就架不住考验了。从来没考虑过的柴米油盐，成了她每天的必修课，所有浪漫的回忆都成了定格；日子变得平淡如水，原本有说有笑、甜甜蜜蜜的小情侣，也开始不停地拌嘴……这一切，她始料未及。

原来，果树上结出的第一颗果子，虽珍贵，但未必是最好的、最甜的。太害怕错过，太害怕失去，奋不顾身地去坚持，也未必是真的懂得珍惜。长久的爱，需要经历岁月的打磨，才能知道是否可以经得起风霜雨雪，可以过得惯粗茶淡饭的生活。

走得太急了，爱得太急了，往往会失魂落魄。

急什么呢？天没老，地也没荒。

黄裙女孩，长得不那么漂亮，身材不那么出众，学习也只是一般。成长的回忆里，她永远都是别人身边陪衬的绿叶，鲜少有人注意她，内心那颗叫作自卑的种子慢慢地生根发芽。她的青春，似一张苍白的纸，没有过诗情画意，没有过脸红心动，至多有一场不为人知的暗恋。她总觉得，爱情是一件遥远的事。

到了适婚的年纪，在家人的催促下，她相亲，结婚，生子……究竟是不是因为爱而步入婚姻的殿堂，她说不清楚，也许只是为了完成一项生命中重要的任务吧！偶尔想起自己的人生，她不免觉得有些遗憾，就像一朵原本可以盛放的花，身处艳丽的花丛中，悄悄地隐藏了自己，曾经含苞待放，却终究未曾开放。

牡丹富贵，玫瑰浪漫，芍药妩媚，那是与生俱来的本性，不是盛放的缘由。纵然是一簇白菊，活在百花凋零的秋季，依然也可以傲然盛开，不与百花争艳，却有着另一番高洁。

花如是，人亦如是。爱情与幸福，并非美丽女子独享的专利，它们属于每一个热爱生命的人，前提是你不放弃最初的坚持，你坚信自己能够等到并拥有一份难得的情感。

紫裙女孩，爱过、痛过、单身过，生命中来来回回地经历了不少人，眼见着朋友都开始结婚生子，她亦不慌。她告诉自己："不必羡慕别人的爱情，我也可以轰轰烈烈，只是岁月让我多等待，磨练心性。越是迟来的幸福，越能体会到等待与珍惜的不易。"

有人张罗给她介绍对象时，她也会见面，但绝不会轻易委曲求全。她相信，岁月会把最好的留给后面，最好的安排是时间给予的。

这个世界上最勇敢的事，不是奋不顾身地往前走，而是走一段路后，看一段风景，和自己的心对话，不急不躁地等待。太渴望拥有的时候，往往遇不到对的人，即便贪图温存在一起，最后也只能两败俱伤。

她知道，流言蜚语是永远不会消失的事物，这世间不被接受的人和事太多，但生活终究是自己的，管它是掌声还是嘲笑声，自己的笑声比什么都重要。生活的剧本，爱情的结局，要自己来撰写。不求惊天动地，轰轰烈烈，但求让生活丰盛有趣，让爱情细水长流。

终于，30岁那年，她遇见了那个对的人。他穿着她最爱的格子衬衫，摘下一朵栀子花，笑着递给她。不奢侈，不高贵，却深深打动了她的心。直觉告诉她，那就是她一直在等的人。以后的日子里，他们要一起走过春夏秋冬，一起坐观细水长流。那一刻，她真觉得，所有的力气与等待都没有白费，所有的孤独不安的时光，都是为了此时此刻此地的破茧成蝶。

生命中总有些美好，是辛苦等待换来的。这种等待，不是挑剔，不是眼高手低，只是安于自心，淡然生活。原来，曾经一个人的生活，都只是为了遇见更好的人。

我们都有机会遇见那个陪自己走过一生的、对的那个人，只是需要一些时间。所以，不必因为寂寞而凑合着恋爱，要相信，生命中有的是时间让你遇见更好的人，你永远都等得起一份对的感情。

你给我爱情就好，面包我自己买

暖暖说，她和前任男友分手时，最痛心的不是就此形同陌路、各奔天涯、恐怕今生都不能再见，而是他发的那条短信："那6000块钱，你什么时候方便，打给我吧。"

那6000块钱，是暖暖的父亲突遇急事时，她从男友那里暂借的，当时，加上自己手里的积蓄，她凑了3万块钱给家里。早就说好是借，但两个人感情一直不错，甚至有想到将来，事后也就没太着急还。不料，就在暖暖刚刚提出分手，且还没掰扯清这段关系的时候，对方就开始索债了。

其实，前男友也不是真的想要那点钱，他只是想用这样的方式去刺激一下暖暖。那段时间，暖暖刚刚丢了工作，手里的钱很有限。他这么做无非是想让她难堪，发泄心里的怨怼。他始终认为，暖暖是背叛了他，爱上了别人。

暖暖对这段感情原本还有一丝眷恋，可这一条短信的出现，却把她推到了决绝的立场中。真正的问题不在于钱，而在于人心。

暖暖从不是贪图便宜的女孩，就算男友不说，这笔钱她也会如数奉还。只是话从对方嘴里说出来，终究让人觉得不舒服，甚至有些寒心。

第二天，暖暖给前男友发了消息："钱已打给你，注意查收。"看似云淡风轻的一条消息，每一个字里都挂着眼泪。

是的，一切都结束了，结束得那么俗气，那么丑陋。

很快，暖暖就有了新工作。她把全部的精力都投入到工作中，约她见面都要提前排档期，我问她："要不要这么拼？"

她说："一定要，我不想再那么狼狈和难堪。"

爱情这件事，不是倾尽所有，就会有好结局，但工作不一样，只要你是真的努力，它就一定不会辜负你。暖暖的事业开始走上坡路，从最初的月薪3000元，一路飙升到了6500元，加上年终奖，年薪基本上是9万元到10万元的样子——在四五年前，这样的薪资虽不算太高，但也不算低。

周围的姑娘们开始陆续传来结婚的消息，暖暖依旧单身。不屑努力的人说："差不多就行了，还是多操心找对象的事吧！"

羡慕嫉妒的人说："财迷心窍了吧？"

我也调侃过暖暖："你现在是不是觉得，只有钱能给你带来安全感，不太相信感情了？"

暖暖笑了笑，没直接回答我的问题，而是扯了一句："我可不是那种失恋一次，就骂全世界没有好男人的主儿。"

然而，那天晚上，我在暖暖的微博里看到了这样一段话——"我努力赚钱，不是因为我爱钱，而是这辈子我不想因为钱和谁在一起，也不想因为钱而离开谁。如果你问我在爱情和面包之间选择什么，我会说——你给我爱情就好，面包我自己买。"

我总算懂了，暖暖是不想再于爱情中掺杂金钱的关系——她想要的，是一份纯粹的爱，不为钱而委身于谁，也不想将来为了钱而被迫离开谁。

写到这儿的时候，我又忍不住想起了菁。

菁爱上了一个家境不富裕的小伙子，对方也真的是有情有义，但菁的父母就是不同意。为了跟心爱的人在一起，她和父母闹翻了，父母连她的婚礼都没有出席。菁以为，今后可以慢慢地融化父母的心，一切都来得及。但没想到，现实却给了她重重的一击。

孩子出生一年后，丈夫突发脑溢血，昏迷两个多月后，总算恢复了意识。可惜，丈夫的身体留下了残疾，半个身子不能动，只能日后慢慢进行康复训练。菁原本还是很坚强的，丈夫昏迷不醒的时候，公公都说要放弃，她却坚持要给他治疗。其实，他生病的时候，家里只有2000块钱，所有的治疗款都是借的。

当这场风波过去后，所有人都以为天下天平了，至少人都还在呢！没想到，时隔一年后，菁在撕心裂肺的痛哭中离婚了。生活的重负，她背负不起，每个月不足3000的工资，让她对未来失去了信心。她当年所想的，不过是找一个能依靠终生的情郎，却从未想到过，生活还有这样的时刻，突然之间，山一样的男人也可能会倒下。

有时候，我在想：如果菁能撑起这个家，年收入不菲，或是有出色的事业，结局会不会好一些？

对平凡的女子来说，我们不奢望嫁入豪门，但希望在生活遭遇滑铁卢的时候，我们可以撑起一个平凡之家，继续把日子过下去。

近两年，我的工作一直排得很满，辛苦是肯定的，但我也很享受这份踏实和自足。我在不断努力，希望每年上一步台阶。颇有意思的是，身边也有许多人跟我说："一个女孩子，那么拼干吗？""钱是永远也挣不完的，别为了挣钱把自己累着。"

我通常都不解释，偶尔会顺意地说一句："没办法，天生劳碌的命。"

事实上，我赚钱，不是因为我多爱钱，而是我看到了生活充满无常，唯有让自己变得足够强大，足够优秀，才能够撑得起自己想要的生活。

于感情上来说，经济独立是我的资本，也是我的骄傲。遇见了比我优越的人，我不会觉得是我高攀了他；遇见了真爱的穷小子，我也不会让俩人的日子过得太寒酸。这，才是我努力赚钱的意义。

离开你，是我做过的最勇敢的事

我对他，可谓一见钟情。

他周身散发的成熟气息，和嘴边挂着的自信微笑，深深地吸引了我。那时的我，不过23岁，对爱情充满了幻想和憧憬。一颗单纯而痴情的心，在和他相遇一刹那就开始跳跃不停。偶尔，他无意抛过来的一个眼神，一句不经意的问候，或是接到我递过来的咖啡时一声低沉的"谢谢"，都会令我沉醉不已，回味无穷。

我心里清楚，他有妻子和儿子。

那次在公园，我看到他左手挽着妻子，右手拉着孩子，一家三口说说笑笑，画面看起来温馨无比。阳光洒在他们身上，晃来晃去，处处都是幸福的影子。我在角落里静静地看着，不敢出声，不敢露面，生怕自己的心思被发现。

公司十周年庆典上，他携带妻子一同参加。他的妻子雍容华贵，大方地和他一起答谢各位员工。我静坐在一角，看着他无限爱怜地牵着妻子的手漫步在舞池，看他温柔地为她整理头发，看他低声地在她耳边说着什么，心里酸酸的，像是失去了一样挚爱的东西那般难过。

我不会喝酒，可是那天晚上，我却把自己灌醉了。

我只记得头晕晕的，后来发生了什么，完全没有印象。只是，第二天睁开眼时，他就坐在我身边。我有些恍惚，难道是在做梦？他用手轻轻地抚摸着我的头发说："你怎么这么傻，不会喝酒还逞强？幸好我们发现了，要不然还不知道会发生什么事呢！"

这时，电话响起，他起身走出了房间。我惊讶的是，他的妻子给我端来了一杯热茶，轻轻地说道："谢谢你这么爱他。"听到这句话时，我脸上滚滚发烫，就像做了什么坏事被人捉了现行。这件事我从未向谁说起过，他的妻子怎么会知道？

原来，我昨晚在醉梦中，一直叫着他的名字。

我不好意思地低下了头。他的妻子笑笑，温和地说："我能理解你。我也年轻过，也有过和你一样的痴迷和爱恋。对于情窦初开的女人来说，这没什么错，只不过，你需要找到一只适合承载这束爱情之花的瓶子。你还年轻，一定会找到那只属于你的瓶子，只有那个他才配得上你的爱。"

那一刻，我望着眼前那个女人，觉得很亲切。我闭着眼睛，眼泪淌了下来，我想："或许，这个世界上，只有温柔、端庄、善解人意的她才配得上他，他注定是不属于自己的。"

几天以后，我递交了辞呈，离开了那座城市。

时光荏苒。三年后，我遇到了生命中那个对的人，他成熟稳重，一如当初的"他"。我给他起了一个绰号，叫"瓶子"。在任何场合，我总是用这个听起来有点不可思议的称呼叫他，而他也总是幸福地回应着。

我从来没有向他说起过，为什么会给他起这样一个奇怪的绰号。一次，我突然问他："你知道我为什么叫你瓶子吗？"

此时的他，正在厨房里做饭，他一边炒菜一边说："如果你是玫瑰，我就是你的青花瓷瓶；如果你是红茶，我就是你的红茶瓶；如果你是热水，我就是你的暖瓶；如果你是酒，我就是你的雕花酒瓶。"

我心里一阵温热，这是我听过的最动人的情话，虽然没有玫瑰，没有红烛，但比电影里的任何情节都浪漫。

最好的人未必能够给予你想要的生活，幸福的爱是找到一个适合自己的人。一段丰盈的感情，一段纯粹的爱，唯有在适合它的瓶子里，才能长久地存活，开出艳丽的花。

离开他，是我做过的最勇敢的事，如今再回首，却是我一生不悔的抉择。

在爱之前，请先做好你自己

八月的那次旅行，我迟迟没有落笔留下一点痕迹，许多情绪都在心中酝酿，不知从何说起。若说最触动我的，莫过于要结束旅行离开普陀岛的前一天，我在旅店里吃着老板亲自下厨做的螃蟹，听他平静而无奈地讲述自己的故事。

老板的姓名至今我也不知道，但那并不重要。这一生我们要走很多的路，遇见很多的人，到最后真正能入心的可能不是某一个名字，而是某时某刻听到的某一个故事，甚至是某一瞬间的心情——那是不同人生的缩影，也是最值得深思和怀念的东西。

正因为此，每次旅行我都喜欢住民宿和青旅，时间允许的话也会选择慢车，在路上的过程是最珍贵的，你所听到的、看到的、感受到的，会让你重新审视生活、审视自己。

见识各种不同的人生，领略大自然的豁达，稀释解不开的郁结，找回内在的力量——这才是旅行最有价值的地方。

旅店的老板三十五六岁的样子，讲起十八岁时的那场爱情，他依然会流露出喜悦的表情，只是那笑容的背后，还带着些许的苦涩和无奈。

他说，他和初恋的女友感情很好，每次都在码头约会，他们将那个看似平常却充满了甜蜜的地方，叫作"爱情码头"。可是，女友患有家族遗传的血液病，两个人相恋后不久，她就生病了。

那时，他还没有银联卡，就用口袋装着钱带女友去北京看病，跑了很多家医院，最终还是没能留住她。

世间最残酷的爱，不是我爱你，你却不爱我，而是明明彼此相爱，却要面对生离死别，甚至是阴阳相隔。留下的那一个人，终要历经一场刀山火海的煎熬，才能从刻骨铭心的爱里抽离出来，鼓起勇气继续生活。

不得不承认，在某些时刻，面对某些问题时，生远比死更艰难。失去了心爱的人，他痛不欲生，整个世界都成了灰色的，自己究竟是活着还是死了，已经分不出来了。活着，也不过是行尸走肉而已。

到了适婚的年纪，他试着谈过两次恋爱，却都无疾而终。最后，他选择了一个样貌上看起来有点像"她"的女子结婚。婚后的生活究竟怎样，我不得而知，只是，结局是我在旅店里看到的——他独自带着孩子，妻子对他不闻不问，甚至在他突发心梗的时候也漠视不理。

他想送儿子出国，但妻子迟迟不肯离婚，生活就这样僵持着。对他来说，最欣慰的事情就是每天能在旅店里看到不同的客人，说上两句话，不至于那么孤独，也能让自己透口气。

我同情旅店老板的遭遇，也理解此时的他对感情的无望。旅行回来后，我一直在想：究竟是什么把他推到了这样的境地中？是命运多舛，注定了让他一生情路坎坷？

真相，或许没那么简单纯粹。任何一件事的发生，哪怕外界占据了99%的责任，也有1%是我们亲手酿造的。

莫文蔚在《他不爱我》里唱道："我看透了他的心，还有别人逗留的背影，他的回忆清除得不够干净……"

寻寻觅觅多年，他所寻找的不过是一个替代"她"的影子，从一开始，他所爱的也许根本就不是眼前的那个人，而是一份情感的补偿。这样的爱情和婚姻，即便有了相守一生的承诺，也是食之无味的鸡肋。

对他的妻子来说，每天睡在枕边的人，心里装着别人的身影，自己做得再多、再好，终究抵不过那个已经离开的、无法再拥有的人，在这样的婚姻里，她俨然也是那段"未完成之爱"的间接受害者。

我一直相信，人总要先有能力爱自己，才有余力爱别人。人生变幻莫测，能够"一生一世一双人"固然是幸事，若真的无法如愿，那么至少要彻底地告别过去，一次只爱一个人。

爱情的世界里不存在替补，纵然要忍受前一段感情留下的孤独、寂寞、痛苦，也应当自行了断，而不该去利用另一个人、另一段感情作为救赎。

女友N说，她看茱莉娅·罗伯茨主演的《美食、祈祷和恋爱》时，心情特别复杂，就像是窥见了一个熟悉而又陌生的自己。

在前一段感情结束时，她心灰意冷，甚至相信了"在他之后，再无爱情"的话。她在心里告诉自己：如果这一生我得不到心爱的人，那么跟谁在一起都是一样的。于是，怀着渴望温暖和陪伴的心理，她选择了身边的那个守候者。

他待N挺好的，性情温和，理解她的心情，时刻陪着她。在新感情的填补下，N渐渐地忘记了回忆里的那个人，日子也在平淡中度过。当所有的痛苦都已沉淀后，N突然发觉，自己的内心空洞无比，体会不到爱的激情，没有特别的幸福感，甚至还陷入了另一种痛苦中。

无数个夜里，她安慰自己说："生活就是这样的，多数人都是这样过的……"她未必不知道这句话有多么无力和虚伪，可若承认了是当年输给了渴求温暖的贪念，那么她实在不知该如何面对自己。那一刻，她才明白，痛苦原来从不曾远离，只是换了一种方式而已。

每个人都渴望爱情，向往能牵着一双手走到世界的尽头。可扪心自问：你是一个能给别人带来幸福的人吗？在你选择去爱的那一刻，你是否真的读懂了自己的心，已经成了一个足够好的自己？如果你没有做好准备，内心还有残留的回忆，还有未化解的痛苦，那么，晚一点再去爱吧！纵然眼前的那个人满足了你所有的想象，能带给你温暖和安慰，也不要轻易承诺天长地久——因为那一刻的你，不是最好的你，甚至不是最真实的你。

无论一段感情是主动结束的还是被动结束的，都不可能是雁过无痕的，或多或少都会在你心里留下创伤和阴影。此时此刻，你最需要的是给生命留一段空白期，梳理自己的情绪，想清楚一些问题。过程会很煎熬，偶尔会被孤独吞噬，会哭到声嘶力竭，会难过得寝食难安，可那是必经的过程。

不曾熬过一个个无眠的夜，你就无法流露出心无旁骛的笑容，更不能在茫茫的人海里，识别出到底哪一个是真正想爱的人，哪一个是移情治愈的替补……

爱情里最重要的一件事，不是如何费尽心思去爱对方，而是努力地做好自己。在没有调整好自己之前，不要急着去爱、去承诺；就算真的对一个人萌生了好感和依赖，也要把过去的一切清除干净，全心全意地投入其中，在他面前呈现出最好的你。

一个人只有成了最好的自己，才会遇见最对的人——爱不只是一瞬间的心动，更是一种长久的经营能力。

现在，你准备好去爱了吗？

谢谢你曾经的深情款待

　　我已经许久没有过看一场电影看得热泪盈眶的体验了，却在一个人看《从你的全世界路过》时哭得一塌糊涂。

　　有些人，只要远远看着就好，你也只能远远地看着，纵然这一刻能握住他的手，能拥他在怀中，下一秒的结局，仍逃不过失去。足够洒脱的人可以说一句"不求拥有，不求同行，遇见就好"；不够洒脱的人，注定要用一生去缅怀，去疗愈。

　　电影里的猪头和燕子，因一场偷窃的事故产生了交集。当她被全世界指责和鄙夷的时候，他毅然牵起了她的手，选择了相信她不是窃贼。他那么平凡，那么不起眼，甚至只能靠做苦力赚钱，可他依然愿意把赚来的每分钱，都寄给最心爱的燕子。

　　无论付出爱的那个人多么卑微，爱情始终都是伟大的。只是，有些伟大就是被用来辜负的。当燕子在猪头精心准备的订婚宴上跟他说分手，然后打车离开，猪头在街头狂奔着追问"燕子，没有你我可怎么活"的时候，我哭了，心疼猪头，却也理解燕子。

两个人终究不是一个世界的，当初在一起，也只是在特别的时刻，你在我身边，我们相依为命。这份感情里有感动，有感激，却不是爱。

2010年，我和静站在清华大学美术学院的教学楼前，待了许久。她的眼睛一直望着教学楼上的几个字，犹如望着那个触不可及的人。我问静，你想跟他在一起吗？静说，不想。当时的我，由衷地对这个女子生出了敬佩，她是那么智慧，那么清醒。

她欣赏他的才华，喜欢他的样貌，痴迷他的浪漫，却无法接受他的若即若离。在她眼里，他就是一个猜不透的谜，她只想静静地看着他，保持着距离，不是不爱，也不是不想爱，而是知道——爱即是伤害。

多年后的静，嫁给了一个与"他"完全没有相似之处的人，日子过得平淡欢喜。现在的她，已经是两个孩子的妈妈了。早几个月时，我们闲聊，她像多数已婚的女子一样，也会抱怨一下日子的繁琐。忽然间，我问了一句："如果是他，会怎么样？"她说："恐怕早就离开了。"

说完，我们都笑了。是的，有些人注定就是过客，不必回头，也不可回头。

比起猪头和燕子，陈末和小容似乎更配一些，男才女貌，有共同的兴趣爱好。可生活是流动的、变化的，这一刻我们是灵魂上的伴侣，下一秒开始，你放慢了步伐，距离渐渐就拉开了。她追求的是更广袤的世界，而他却想在原地厮守到老——没有谁对谁错，只是到了分岔的路口，各自的生命都在寻找适合自己的方向。

现实中我也见过太多感情基础很好的男女到最后分道扬镳的故事。感情结束的那一刻，彼此都痛苦，却不得不那么做，继续下去就成了勉强和将就，因为两人已经不在同一轨道上。

C和男友都是211院校毕业的，读书时不相上下，毕业后C去了外企，男友去了国企，两个人的工作节奏发生了翻天覆地的变化。C每天风风火火地穿梭在职场，休息的时间忙着进修，男友的日子过得比较悠闲，每天还有时间打打游戏。

不知不觉，一年过去了，C和男友之间越来越没有话题可谈，价值观也变了。C想留在大城市里，买一套自己的房子，男友却不愿意背负沉重的房贷，多次沟通无果后，C忍痛提出了分手。

她不是不爱他了，只是爱变得太沉重，就好像你用尽全身力气往前走，却有一个人拼命地拽你的腿。你多么希望他能站起来和你一起跑，可他却寸步不肯挪动。时间久了，你也撑不住了，只好松手。

有些人，真的只能陪你走一段路，起初相谈甚欢、志同道合，不料中途却突然改变了行程，只好道一声珍惜，说一句再见。

往往，这一说再见，就再也不见。

茅十八和荔枝，是一对欢喜冤家，爱得简单而纯粹。这份爱，像极了我们的初恋，一切都那么美妙，不掺杂任何的外物。遗憾的是，"世间好物不坚牢，彩云易散琉璃脆"。或许，只是一个误会，一场意外，就让两个人的故事戛然而止了。他们还没有来得及思考到底发生了什么，一切就画上了句点。从前那么多美丽的憧憬，都成了海市蜃楼。

博客盛行的时代，我看到了一位女网友的日志——她无法接受男友的离开。

两个人是在国外留学时认识的，情投意合，回国后就见了双方父母，也定好了结婚的日期。没有想到，男方却阴差阳错地在工作中出了事故，留下一个未娶的新娘，独守着悲伤。这样的遗憾，不知什么时候才能够抹平。此类未完成的事件，往往一记挂，就是一辈子。

爱情是一件美妙的事，伤起人来却也最为狠毒。求而不得、爱而无果的故事，每一天都在上演。不知道你的剧本是什么样子，是不是也有一个人，让你以为他会是你的一生一世，到最后却发现，原来不过是路人？

某个午后，我从睡梦中醒来，突然想到了一句话：当你梦见一个人的时候，也许他刚好在想你。

清醒的人都知道，这样的说辞没有任何依据，可你是否也在内心里希冀过，藏在回忆里的那个人会在不经意间想起你？尽管那份情谊已褪色成无法用言语形容的东西，只是想到曾经的相遇，你依然会心存感激——噢，那一年，我们曾在一起，离幸福那么近。

倾尽全力地爱一场，终于还是沦为了路人，这样的故事不免会带着些许伤感和遗憾。可是，回首过往的山山水水，牵手又散了的爱人、朋友，此刻的我却更想说："这一生能从你的全世界路过，真好。"

谢谢你曾经对我的深情款待，让我们在分别之后，还有好故事可以说。

印象中的爱情，往往顶不住那时间

刚到英国读书时，肖哥和几个朋友约好一起去意大利，平摊费用，各负其责。其中的一个男孩J负责订酒店，可到了最后，肖哥他们才发现，这哥们儿订的居然是豪华酒店，且还带了一身非常正式的衣服。

众人诧异：不是来旅行的吗？怎么还要穿得如此正式？

后来才得知，J来意大利，还有另外的计划。

J在中学时跟随父母一起来过意大利，当时住在一个中国家庭里。恰好，房东家里也有一个女儿，和J年龄相仿，两个人在那个假期里相处得特别好。J喜欢上了那个姑娘，就发誓今后一定要出来留学，去找这个姑娘。

期间，两个人一直有联系，但未再见。

J跟肖哥一样，上的是2+2学制的那种大学，国内两年，国外两年。终于熬到了出国，他迫不及待地想要去见喜欢的人。于是肖哥他们分头行动，临走前还祝福他，希望他们有情人终成眷属。

可是，当J回来后，整个人看上去不怎么开心。他说，那女孩变了，举止显得挺轻浮的，这实在出乎他的意料。从前那个天真烂漫的女孩子，好像从世界上消失了。现在，出现在眼前的那个人明明就是她，却怎么都不像她。

那次的旅行，让J失魂落魄。

听肖哥说完这件事，我忽然想起，自己读中学时，也喜欢过一个男孩子。

印象中的他，瘦瘦高高的，喜欢穿蓝色的牛仔裤、黑色的打底衫和一件暗红色的马甲。每每想起他，有时记不清具体的容颜，只浮现这样的一个身影。他比我大一届，我读高中的时候，彼此早已分道扬镳，但我一直都记得他。

高中时代，我没有谈过恋爱，对他却念念不忘。现在想起来，那也许就是初恋吧。把一份情感藏在心里，不敢告诉任何人，一个人慢慢地品尝着淡淡的甜蜜，还有淡淡的忧伤。

我从来不知道他对我是什么感觉，只是一起相处的时候，他很幽默，也很喜欢耍贫嘴，是典型的北京男孩的性情。

直到高中毕业的那个暑假，他遇见了昔日的同学，也是我的发小，突然聊起了我。而后，我接到了他的电话。那一刻，我说不出是什么心情，怪怪的，有激动，但也有恐慌。我想象了无数次还能跟他聊聊天的情景，却在电话里真的听到他的声音时，不知所措。

自那天起，他几乎每天都给我打电话。我觉着似曾相识，却又觉得有哪里不对，这都是内心的感觉，隐隐约约的，具体说不出来。直到有一天，他约我见面，我心里像揣了一只兔子，七上八下，既期待又害怕地去见了他。

在此之前，我对他充满了无限的幻想，还有少年时的那个潇洒不羁的身影。那个身影，伴随了我的少女时代，让我对身边的男生不屑一顾，甚至根本不想多看一眼。我不知道自己到底在迷恋什么，曾经我以为迷恋的对象是他，但现在回想，我更怀念的应当是那份悸动的少女情怀。

当他真的出现在我面前，原谅我这样来形容自己的感受：所有的幻想，所有的美好，全部崩塌了。他比从前胖了，尽管穿着打扮还是从前的风格，但我看他却倍感陌生，像从不曾相识。坐下来聊天时，他没有了年少时的贫嘴，却多了点肤浅的意味。

我想，这也跟环境有关系，他不想读大学，跟随家里人去做生意了。他接触的人杂事多，自然跟从来没有接触过社会的学生不同。总之，那次见面后，他的名字和从前的记忆，便彻底从我的心里淡去了。

一切，恍如隔世。

我曾一度为了电视剧里演绎的"分开多年，彼此再见，还能够再续前缘"而感动。可到了现实中，才发觉更像周杰伦所唱的那样："印象里的爱情，好像顶不住那时间。"倘若昔日的恋人分开已久后再重逢，所有的心动和爱恋还不曾走样，那该是多么不易、多么珍贵的一件事！

生活中应当会有这样的事情存在，但于我而言，却实在没有这样的运气。现在的我，其实是不大喜欢回首往昔的。倘若当时的客观条件不允许我去爱，或是错过了，那么，我宁可留在心里默默怀念，也不想再回头去找。

爱是有时间性的，只属于此时此刻。若能在这一刻去爱，就好好享受它，不要搁置到未来。因为，当有一天，你觉着一切都好了，可以去爱了，却往往已是斗转星移、物是人非了。

若爱，请深爱；如弃，请彻底

认识他，纯属是一场意外。

那年秋天，她失恋了，每天习惯性地泡在网络论坛上，默默地看别人的故事，写自己的心情。她的文字，总是带着淡淡的忧伤，从她发表第一篇故事开始，他就注意到了她。

因为，她和他在同一座城市。

他从未主动给她发过私信，却总会在她发表每一篇文章之后，抢占"沙发"的位子，回应她的心声。渐渐地，她的心像是找到了依托，因为这个世界上还有人愿意倾听她、安慰她。

也许是出于好奇，也许是出于感动，她发了私信给他，内容是9个数字。很快，她的QQ来了验证消息，是他。他们开始你一言我一语地聊着，没有问彼此的姓名，只是像熟识的老朋友一样，天南海北地聊着。

后来，他们互留了电话。

那是她生命中最难熬的一段日子，挂着眼泪醒来，带着眼泪睡去。她还忘不了那个曾在深夜的广场里背着她行走的男孩，忘不了他们一同去过的地方、一起许下的心愿。可她没想到，在临近毕业的时候，他竟然背叛了这份感情，和他的女同乡去了另一座城市。

无数次，她咒骂自己太蠢，明明一切都结束了，明明他已经离开了，自己却还不肯死心。被分手的不甘和屈辱时刻搅动着她高傲的心，她不愿跟谁讲话，也不想当着谁的面哭，唯一的发泄渠道，就只是把心情化作字符，敲打在屏幕上，无声地说给懂的人听。

机缘巧合，她遇见了他。

25岁的他，在感情的路上也是跌跌撞撞，遭遇了几次"被分手"的结局。对于她的心情，他深有体会。当然，他的故事不只是分分合合那么简单，更带着一抹戏剧性的味道。

之所以"被分手"，是因为他年少时右眼受过伤，至今看起来还有点斜视，曾经交往过的女友起初都说不介意，看中了他人品好，可到最后给出的分手理由却一个比一个荒唐。他每一次掏心掏肺地对别人好，却逃不过命运的摆布。

不过，他经历的一切，从未向她说过。他知道，她现在需要的，只是一个听众，一个能够给她足够空间和时间的人。

渐渐地，网络拉近了他们之间的关系。他发觉，她是用情至深之人，这一点着实打动了他。他对她不再只是朋友的关心，还有一种爱恋在其中，虽不那么明显，但也在言辞之间透出了淡淡的情意。

一个飘雪的日子，他们相约在陶然亭公园见面。

她有白皙的皮肤、清秀的五官，宛若出水芙蓉，笑容淡淡的，像一株木棉花。他和她谈美食、谈旅行、谈工作。在公园门口的咖啡店望着窗外飞舞的雪花，场景是那么浪漫，可她无心享受，她心里想的还是那个离开的人。

和他认识的这三个月，她不是一点好感都没有。只是，好感多半是因为感激，还有一部分是因为内心的痛苦和无助。在她最需要温暖的时候，他恰恰弥补了这个缺口。她也曾幻想过，如果他看起来就像离开的前男友，也许真的是上天对她的眷顾。可现实跟她开了玩笑，他完全不是她想象中的样子，也不是她喜欢的类型。

她知道，她和他是没有可能的。他不知道她的心思，他以为付出总有回报，终有一天她会被感动。

他向她婉转地表白了，她的回答是，我心里住着一个人，没有位置。

他说可以等，她便没再多说。

之后，她对他的态度，一直冷冷淡淡，唯有心里难过的时候，才想起给他发一条消息。他从不厌烦，总在第一时间回复她的消息。

她承认，自己贪恋着他给的安慰，他给的包容，她想过从此消失在他的生命里，让他寻找到真正适合的人，可她没那么做。他们之间的关系，既不像朋友，也不像恋人，时而联络得频繁，时而互不相干。

偶然的一天，身边的室友兼闺密想给她介绍男友，但在介绍之前，却提到了她和他的关系："如果你不喜欢他，就不要再跟他联络了。别因为贪恋着他对你的好，享受着他对你的喜欢，就拴着别人。对他来说，这是最大的伤害。"

她知道，室友是性情中人，心里没有怪她。更何况，她说的字字句句都是实情，她有什么可怪罪她的呢？从头到尾，错的人都是她。她从未真心喜欢过他，可是为了弥补感情的空白，她还是自私地霸占了他的爱。

她的心忽然痛了起来，觉得自己好残忍、好自私。她拿出手机，给他发了一条短信："对不起，再见。"从此，她没有再跟他联络，而他也彻底消失在她的世界里。

我们都明白，暧昧的滋味并不好受，可当自己游走在爱情边缘的时候，往往会在不经意间扮演那个主导暧昧的角色。自己明明不那么爱他，却不知如何拒绝，害怕他的一腔热情被冰冷的拒绝浇灭；或是自己根本不想拒绝，一颗脆弱的心渴望被人关注、被人靠近，享受那份被牵挂的温暖。

每个人都有追求爱情、选择伴侣的权利，但也要理智地控制自己的心。不要败给寂寞，不要输给渴求温暖的贪念——若爱，请深爱；如弃，请彻底。不犹豫，坦坦荡荡。

或许，在感情的空白期有一些孤单和冷清，但那是对自己、对爱情、对他人的尊重。

爱情不是换一个人就能天荒地老的

筱筱的第一场恋爱，绽放在18岁那年夏天。

初恋男友是大她一届的师兄，长得瘦瘦高高的，说话很是幽默。男女生之间的朦胧的情愫，就在调侃与玩笑中诞生了。不过，初恋男友读书成绩不太好，毕业后没上大学，直接参加了工作，而筱筱去了市内的一所二类院校。

大学的生活是绚烂的，筱筱在感受着新鲜的同时，也没忘记旧时的情谊。她和男友平日都靠短信联系，一个月最多能发一千五百条消息，手机费成了她零花钱里消耗最多的一项。

好在男友有工资，能在话费上接济一下筱筱。男友的家人都知道筱筱，也邀请过她出席家庭聚会，大家对她印象很好，尤其是男友的姐姐，真拿她当自家人看待。

筱筱的成长环境不是很好，突然融入这样一个亲密、和谐的家庭里，她好像重新找回了久违的家的温暖。但在爱情中，终究只有两个人才是主人公，旁人顶多是陪衬。无论男友的家庭多好，都弥补不了筱筱对他学历上的耿耿于怀。

渐渐地，筱筱开始嫌弃他了。当别人问起她的男朋友在哪儿读大学时，她不好意思在人前说对方没上大学，怕被人笑话眼光太低。

终于，大一那年的暑假，筱筱向初恋男友提出了分手。由于不知如何开口，她就提早写好一封信，见面时交给了男友，让他知道自己的想法。

对方难以接受，追问筱筱为什么。无奈之下，筱筱只好告诉他，她移情别恋了。

爱不是与生俱来的，是后天习得的。

是真的移情别恋了么？筱筱不知道算不算，但心里就是对另外一个人萌生出了好感。

他博学多才，跟她有思想上的共鸣，是一所重点高校的高材生。他对筱筱也是有好感的，常对她嘘寒问暖，两个人还经常相约一起去图书馆。他很迁就筱筱，哪怕她有歇斯底里的坏脾气，哪怕她会在任性时拂袖而去，丢下尴尬的他承受异样的目光。

好脾气的他选择了包容，对她百依百顺。两个人的恋情顺利持续到了毕业。

外面的世界很精彩，但也有太多的诱惑，筱筱的定力还算强，没有被灯红酒绿、纸醉金迷冲昏头脑，但终归也过了一味沉醉于爱情的年纪。她开始向往车子、房子，而男友的工资不高，这让她不由得生出了些怨言。

恰好此时，男友的单位进行人事调整，他不愿调到外地做工程，就提出了辞职。无奈的是，此后两三个月，他都没有找到合适的去处。

男友辞职后，筱筱心里就更不舒服了，尤其看到周围的朋友谈婚论嫁、买房购车时，再看看一时找不到工作的男友，她越看对方越不顺眼，总觉着他没有上进心，找不到工作就是能力不足，常常跟对方因琐事吵架。

再深的感情也经不住三五天一折腾的损伤，相恋四年后，两人的关系最后无疾而终。

筱筱心里也难过，毕竟是自己深深喜欢过的人，可她始终不觉得自己有问题，把所有责任归咎于对方能力不足，无法给予自己想要的生活。

爱不是改造对方，是完善自我。

单身几年后，筱筱遇到真命天子，这次，她的爱情终于修成了正果。

不少故事讲到这里就该结束了，可对筱筱来说，婚后的生活并没有比恋爱时顺畅多少，她甚至觉得日子过得更煎熬了。

丈夫是一个宽厚的人，有研究生学历。从恋爱到结婚，任由她怎么吵闹，丈夫都是笑呵呵的，不是懦弱地讨好，而是包容地接纳。在他心里，这女子是自己精心挑选的伴侣，纵然她有再多的缺点，可自己爱她，就觉得她都是好的，他给予她的也都是鼓励。

然而，筱筱却一直在用自己的标准去苛责丈夫，挑剔他的种种毛病。

四五年以后，两人的亲密关系开始亮起红灯。丈夫的心里积压了不少的委屈，某个午后，他说了一番让筱筱震惊的话："你觉得我每天乐呵呵的，就什么都不在乎，哪怕你说我、骂我，都无所谓，我也不能怎么样？但是最近，我心情也不好，工作上有很多麻烦，偶尔说话的语气会有些不耐烦，你就认为我变了。其实，我没有变，我只是觉得我也是个正常人，把从前压抑的东西稍微释放了一下，你却不能理解和忍受。"

筱筱没有说话，但眼泪却噼里啪啦往下掉，她心里有种愧疚感，想起自己从前做的种种，也意识到自己的跋扈与自私。可到了生活中，她还是忍不住犯原来的毛病，思维总是朝着挑剔对方的方向跑，但凡对方有哪儿做得不好，或是语气硬了一些，做的事不太顺她的心意，她就觉得自己"选错人了"。

学会爱，付出爱，享受爱。

作为多年的老友，筱筱这些年的恋爱经历，我都看在眼里。当她向我求助的时候，我一时间竟不知如何宽慰。

曾几何时，我们都会把爱得太辛苦、爱得不幸福彻底归咎于"爱错了人"，仿佛当初若是找了其他人，所有的问题都可以避免，日子会比现在要开心得多。可真的换了一个人，我们却发现没了当初的问题，却又多了其他的问题，困扰一样不会消失。

人都是不完美的，哪怕是自己深爱着的人，只是在激情褪去后，彼此曾经的光环没那么显眼了，剩下了最真实的你和我，便觉得跟从前不太一样了。我没有资格和权利去评价朋友的爱情，但我愿意和筱筱一起去捋顺"恋爱总失败""感情总不顺"的原因。

我的另一位闺密晓白，就曾这样帮助过我。

有一段时间，我心里积攒着"为什么全世界都在恋爱，唯独我爱得那么不顺畅"的怨言。当时，闺密晓白给我推荐了一本书，就是弗洛姆的《爱的艺术》，她说："你应该在这部作品里去找找答案。"

翻书的同时，思索着自己的往事。我忽地领悟到了弗洛姆的爱情真谛：

爱不是我们与生俱来的一种本领，而是需要通过后天习得的能力。如果不努力发展自己的全部人格，那么每种爱的努力都会失败；如果没有爱他人的能力，如果不能真正谦恭地、勇敢地、真诚地和有纪律地爱他人，那么人们在自己的爱情生活中永远也得不到满足。

我爱你，所以我需要你。

回顾从前的自己和现在的筱筱，或多或少在"爱的能力"方面都存在一些问题，至少我们自以为是的爱是不够成熟的，是把"爱"和"需要"的位置颠倒了。成熟的爱是——我爱你，所以我需要你；幼稚的爱则是——我需要你，所以我爱你。

这看似只是位置的颠倒，其实有本质上的区别。先有需要而后有爱，那么，这份爱必然附加了其他的条件，若是满足不了附加条件，爱就会出现问题；若一切从爱出发，才会唤起内在的生命力和快乐，愿意无条件地付出，并在付出中感受到快乐。

学历上的差距，会导致两个人在思想层面上的一些隔阂，但也不代表会一辈子如此。我的不少朋友，他们的第一学历都是中专或高中，但在工作后通过成人高考和自考，拿到了专科、本科的学历；有的虽未提升学历，但在某些技能上很出色，这也是一种优势。

看人不可看一面，也不可看一时，共同的进步很重要，先去试着发现对方的优势，多给予一些鼓励，事情也许就会朝着你所期望的样子发展。毕竟，没有人能经受得起不断被挑剔。

发自内心的爱，愿意无条件地理解和支持对方，时刻都能考虑到对方的感受，而不是自己失去了什么。包括婚后的生活，这世上不存在没有问题的婚姻，但也没有绝对无法解决的问题。谁能保证，嫁给了另外的人，就不会有失业问题的困扰？我想，都是未知数吧！

爱是快乐的事情。

时常有人说，婚恋关系就是各取所需。我觉得此话说对了一半，它容易让人的思想产生偏差：爱就是在对方身上索取自己需要的东西。久而久之，亲密关系就演变成了索取和享受，一旦索取不到了，就会想着离开，去寻找下一个可索取的目标。这个过程里，不再有包容、理解和接纳，自私和欲望占据了所有。

好的爱情，应当是彼此都能够得到成长和进步，以一个完整的生命去承诺另一个生命的艺术，而不是一直考虑如何去指责和教育对方。

婚恋关系中，有时是会存在"两个人不适合"的问题，也可能会在价值观、人生观方面有不可逾越的鸿沟，但判定"不合适"的前提，是在出现问题的时候，两个人真的努力去维系、重建和修补了，而不是带着怨恨去结束一段关系。

无论爱与不爱，我们都要做一个快乐、无怨的人。

爱的存在，从来都不是为了互相伤害，而是为了成为更好的彼此。亲情、友情、爱情，无不是有了爱，做好自己，有了付出，才能得到回报。你渴望对方变好，那么，首先自己也得努力去完善人格——再饱满的爱情，也架不住单方面的索取和压榨。

我们足够好，拥有了爱的能力，言行举止自会唤醒对方内心深处的一些东西。待到那时，我们不必要求对方成为自己所希望的样子，他也会用同样的方式感知到——彼此应朝着共同的目标去努力。这才是通往美好关系的阶梯。

*Imperfection
can be wonderful.*

第四章

如果你不看低自己，
就不会落到尘埃里

不完美　也可以　很美好

不必害怕明天，路是一步步走出来的

刚毕业那两年，朋友阿凯一直处在极度焦虑的状态中，情绪也起伏不定。唯一的发泄方式就是在网上写点东西，理解的人给些只言片语的安慰，不理解的人笑笑就"飘过"，看不懂的人说他是在"发神经"，活得虚无缥缈。

其实，他的焦虑不是无缘无故的，许多人大都经历过——不敢去想未来，也不知道明天在哪里。

走出学校，漂泊在异乡，阿凯手里攥着仅有的几百块钱，租了一间简陋的房子，每天去网吧投简历，把城里的各个区都跑遍了，两个月下来，就是找不到合适的工作。眼看手里的钱越来越少，而昔日的同学、朋友都渐渐稳定了下来，他心里不由得恐慌起来。

最难受的，是父母打电话来询问近况时。实话实说，自己面子上挂不住。父母供养自己多年，盼到了大学毕业，总以为熬出头了，要是知道自己连工作都没找到，怕是心里会失望。自己能做的，就只有违心地报喜不报忧，说自己一切都挺好，挂了电话之后再偷偷地抹眼泪。阿凯倒不是觉得委屈，而是体会到了生存的艰难和无奈。

没走入社会时，阿凯想，在繁华的都市里，遍地都是自己施展才华的机会。可真的走进了社会，才知道多数人不过都是凑合着过日子，总得先在这个无亲无故的城市里活下来，再有资格去谈梦想。

第一份工作，每个月工资1200块，阿凯接受了，因为别无选择。月底发工资，按照天数计算，他拿到了400块钱。这些钱对于当时的他来说俨然就是救命的稻草，他握到手心出汗，心里默念着一句话：终于可以生活了。

当日子逐步进入正轨时，生存的压力基本上已经被解决了，阿凯至少可以租得起便宜的房子、吃得起小餐馆的饭菜了。然而，最初的那份焦虑却没有随之消散，反而愈演愈烈了。

周围有人升职加薪，有人出国留学，有人进了外企，有人买了房子，有人开上了车，还有人已经开始筹备结婚的事了。别人的生活似乎总在大步向前，自己虽过了生存的基准线，但跟别人一比，却还有着漫长的距离。

而且，女友也不再像大学时那样简单纯粹了，一份可爱多冰淇淋已经打动不了她的心，她现在想要的是哈根达斯；看到别人在城里的某个角落，有了一个属于自己的家，再看看这个简陋的出租屋，她满心委屈，虽未直说，但一切都写在脸上。

他慌了，他乱了，面对着现实中的自己，他不知道明天究竟会怎样。他所憧憬的那些未来，他给她的那些承诺，在他心里，越发像是一个遥不可及的梦。

终于，爱情败给了赤裸裸的现实。女友离开了，接她的人开的是一辆本田轿车。阿凯不怪她，毕竟，相爱一场，谁都有权利选择自己想要的生活。更何况，自己无法允诺给她光明的未来，就连自己明天身在何处，也是一个未知数。

许多事想通了，就不会纠缠不休、颓废消沉。失恋的痛苦在所难免，但阿凯还是清醒的。为了让自己尽快调整好状态，从过去的回忆里抽离，他将大把的时间和精力投入了工作中，不再关注周围的谁结婚了，谁买房了，谁升职了……那些只会平添他的烦躁。

他从原来的办公室职员调到销售部做业务，每天早出晚归，跟诸多陌生的客户打交道。这仿佛是一扇特别的窗，让他有机会见识到另一个世界，也为他的心开辟出了另一条路。他忘记了时间，忘记了忧虑，专注于每一天的任务，专注于每一位客户。

从最初的屡屡遭拒，到后来的小订单，再到后来拉到了大客户，路走得崎岖艰难，却也带给了他莫大的鼓舞和信心，治愈了他心底的伤，驱逐了他莫名的焦虑。

忙碌的日子总是过得很快。现在，他已经在公司里有了自己的立足之地——独立的办公室，办公室的门上赫然写着三个字：经理室。是的，靠着自己的奋斗和努力，他已经成了公司的业务经理，有公司配备的车，房子虽然还是租的，但早已不是简陋的小屋了。

每逢节假日，他可以坦然地给父母打电话，告诉他们一切安好，偶尔还会接父母过来小住。至于感情，那个最重要的位子依然空着，但他不再焦虑、不再恐慌，倘若遇见对的人，他相信，他给得起她幸福，给得起她一个温暖的家。

回首走过的这段历程，阿凯总是笑着说："以前，我很担心我的未来，每天焦虑得睡不着觉，心里就像揣着一窝兔子。后来，我也想开了，就只管过好眼前吧，结果日子竟然变得好过了，事业也算顺遂。我突然明白，有些事情你拼命地想，终日烦恼、担忧，根本没有用，把眼下能做的做好了，活在当下，结果就不会太差。"

人生的路上有无数的驿站可以歇脚，有的包袱可以等到该背的时候再去背，用不着把所有的包袱都背在肩上。你我都只能活在此时此刻，所以，真的不必害怕明天。

只要不曾后退，走慢一点又何妨

　　年幼时，她跟院子里的伙伴们一起玩，不管是跳舞还是做游戏，她的动作总显得有些僵硬，大人们在一旁闲聊，说她手脚笨。

　　她不怪别人说自己"笨"，因为"笨一点"，不用经常被大人们要求跳个舞、唱首歌，她有更多的时间在一旁看喜欢的小人书和动画片。

　　上学后，老师提出问题，有的同学马上就能想到答案，举手示意。她从来都不属于那些活跃分子。总是听到别人头头是道地解说，老师默许点头，事后再重复一遍问题的正解，她才会恍然大悟，甚至后知后觉。不过，但凡用心理解了的，她总会记得很牢，日后再碰见相似的题时，很少犯错误。

　　跑步时，她的身影总在众人之后，虽不是最慢的那一个，但终究不起眼。那些跑在前面的女孩子总能赢得观众的助威声和掌声，她不羡慕，也不着急，就按照自己的步调跑，唯一的要求就是不能跑跑停停。这种习惯，练就了她的耐力。在一次运动会上，一向不慌不忙、不太起眼的她，竟然得了女子3000米长跑的第二名。

大学时，第一次考大学英语四级，她没通过，差了15分；第二次，还是差了5分。同病相怜的室友满脸苦大仇深地在寝室唠叨："谁规定拿学位非要通过四级啊？真烦……"她不吭声，也不抱怨，每天早起一个小时，直奔自习室，埋头苦读。第三次，她的英语成绩超过了标准线50分，室友们瞠目结舌。

到了毕业时，全寝室只有她一个人通过了大学英语六级考试。谁都没想到，这个不多言不多语的女孩身上竟有这么大的潜力。

恋爱，向来都是大学校园里的一道风景。十八九岁的年纪，周围多少女生都开始品尝爱情的味道，她却一直形单影只。偶尔，她也会对镜独照，仔细端详自己：白皙的皮肤，不施脂粉也算娇嫩；中等身材，不算火辣却也不臃肿。

当然，她的身边不是没有追求者，可相处短短数日，对方就嫌她"老土"。她知道，不是自己"老土"，只是跟不上他的节奏。他要的，是一夜之间就白头到老；她要的，却是一场慢悠悠的、不慌不忙的爱情。

要找工作了，许多人像无头的苍蝇一般东撞西撞，没有方向和目标，只想弄个差事谋口饭吃，谈及未来的事，不过是三个字——"没想过"或"不知道"。她也是城市里的漂泊者，要面临生活的压力，但她不急不躁，也不想随便去一家公司做自己不喜欢的事，从此与梦想渐行渐远。

她想成为一名出色的广告策划师，这是个需要经验的职位，不是那么好谋得的。于是，她选择从最底层的广告公司职员做起——总要先进入这个圈子，再去争取其他。

从小职员，到广告 AE，到策划助理，再到独立策划。这一路，她熬了好几年。初入公司时那些同龄的同事陆陆续续地都跳槽了，有的嫌平台不够大，有的嫌工资不够高。可是，几年下来，看看那些人，生活似乎也并没有太大的改观，工资也不过多了千把块钱，有的人即便进了大公司，也不过是充当跑龙套的小角色。她对现在的工作环境、职位、薪资待遇都颇为满意。也许，一切来得慢了点，但终究是自己想要的。

公司年会，在 KTV 包房，大家撺掇她唱歌，说这么久了都没听她唱过歌。她略带羞涩地唱了一首许茹芸的《慢热》——

每个人的角色/在见面那一刻/总被印象假设/然后当真了/而

我呢是哪一个/血液是沸腾的/却被安静外在牵扯/你们交头接耳/我却像旁观者/渴望众人许可/冷静却缓冲我性格/我只是慢热/不是不快乐/满载感慨超乎负荷/却不想要割舍/一切太难得/一时才不知如何/我比较慢热/眼前的欢乐/得先等我脱去外壳/我再坐一会儿/自然会温和/感谢你耐心配合/我的独特……

她唱的时候，包房里安静极了，只有背景音乐和她柔和的嗓音。大家都不知道，原来这个低调的女孩子唱歌这么好听，而这首歌的歌词，俨然就是她在倾诉自己、表达自己。一首歌唱罢，大家意犹未尽，非要她再来一首。她笑盈盈地选了一首《蜗牛》——又是一首跟她气质很像的歌。

唱完后，私底下要好的同事跟她聊天，说："你选的歌，就像唱你自己呢！看似不慌不忙，慢条斯理，可一不留神，你就走到了所有人的前面。"

她笑着说："小时候，我看蜗牛能看上半个小时，看它如何在青砖上爬。我觉得，我特别像蜗牛，非常敏感，一碰触角就会缩回来，但会慢慢地往前走，不会左顾右盼。我不是那种能量场特别强大的人，也不是那种有超级天赋的人，我觉得自己就像蜗牛——给我足够的时间和空间，我会慢慢找寻到自己的方向，走好自己该走的路。虽然有时候比别人慢了点，但我觉得，只要不后退，走慢一点也没关系。"

在你追我赶的时代，太多人以跑的姿态前行着，但不是每个人都记得当初为何出发，究竟哪里才是自己最终的归途。

也许，站在熙熙攘攘的人群里，你不是那么起眼，拥有的不是那么多，走得没有那么快，但这都不要紧，要紧的是，你始终循着自己的脚步，在不慌不忙中日渐优秀。

当别人从身旁赶超你的时候，你记得提醒自己：只要不曾后退，走慢一点也无妨。一直往前走，终有一天能抵达想去的地方。

最青春的十年过去了，我却不想回头

那年你20岁。

你第一次尝到了失恋的滋味。

那天深夜，你跟几个好友喝得酩酊大醉，在街头不管不顾地趴在女友的肩上号啕大哭。都市的夜归人很多，可谁会在意一个神经质的姑娘？偶尔抛来的目光，不是冷漠，就是鄙夷。而今，想起当时的情景，锥心的痛早已消失得无影无踪，刻在脑海的却是好友那梨花带雨的脸庞。

青春的日子里，陪你笑的人一定很多，可陪你哭泣的人能有几个？

没有那场失恋，你永远不会理解《当哈利遇到莎莉》里的那句话："爱情是灯，友情是影子，当灯灭了，你会发现你的周围都是影子。朋友，是在黑暗时候给你力量的人。"

那年你21岁。

你第一次体会到了生存的艰难。

你游走在北京的四九城，跑得筋疲力尽，却始终找不到容身之所。攥着手里仅有的一点钱，你盘算着吃什么最便宜，想着只要有人能出1000块钱，就乐呵呵地跑去给人打工。兜来转去三个月，却一点进展都没有，你开始怀疑世界，怀疑自己，似乎觉得身边的每个人都比自己强。尽管事实未必如此，可残酷的生活摆在眼前，让你不得不产生自卑的念头。

好在，你没有放弃，总算等来了一个"活命"的机会。你满心欢喜地接受了，激动不已，虽不是自己喜欢做的工作，但是一条能养活自己的出路。你忽地唱起赵传的那首歌："当我尝尽人情冷暖，当你决定为了你的理想燃烧，生活的压力与生命的尊严，哪一个重要？"

唱了那么久，唱了那么多次，都不如自己的亲身体验来得铭心刻骨。

那年你22岁。

你第一次体会到了被开除的委屈。

年轻气盛、倔强任性的你，在老板把出差补助从每天50元减少到30元的时候，你冲进办公室跟他说："这样没法干了，这点钱还不够每天吃饭！"

事实就是这样，大家都有怨言，可谁也不敢说，就你站了出来，当了出头鸟，恐怕老板在那个时候就看你不顺眼了。

后来，老板让你独自去内蒙古出差，你拒绝了。从未离开过家的你，每次出差都跟着大你十几岁的同事姐姐。可那一次，要你独自去一个偏远的城市，你心里是抗拒的——那一千多块钱的工资，不足以让你去冒险。然后，老板背着双肩包，自己去了。

你心里明白，这次出差结束后要面对什么。果然，就在老板回来后，跟你说，你不太适合这份工作，要跟你清账。你就这样离开了工作了一年的地方，虽早有准备，但看着旧日的同事，心里还是一阵委屈，忍不住想掉眼泪。

那天晚上，你失眠了。要强的你总觉着，自己辞职可以，就这样"被赶走"挺没面子的。现在想来，无非是自尊心在作怪，就是那么一层窗户纸，谁捅破不一样呢？

那年你23岁。

你第一次选择了和文字有关的工作。

兜兜转转到十月，你去了多家公司面试，有一家医疗器械的主管看好你，诚邀你过去，想好好培养你，待遇也不错，你却拒绝了——走了那条路，就和你心中的理想越来越远了，你是那么不甘。然后，你去了一家版权工作室，开始和各种枯燥的法律、经管论文打交道。

那份工作不累，但枯燥至极，不能上网。唯一庆幸的是，早上10点上班，下午5点下班，有大把的自由时间。那段日子，你开始背托福单词，疯狂听VOA（美国之音），又给自己报了周末的培训班。日子忙碌着、充实着，你不觉疲惫。

工作室不稳定，有活很累，没活就放假。在外打拼的人是等不起的，借助这份工作经历，你找寻到了自己的位置，也给现在的工作奠定了基础。回想在枯燥中坚守的日子，你也曾觉得毫无意义，可事实告诉你，把人生拉长一点来看，那些看似没意义的事情，只要你做好了，拼接起来就是一个跳板。

那年你24岁。

你第一次遇见了"我们都一样"的闺密。

她穿着白色的布衫、蓝色的裙子、一双平底鞋，梳着一条马尾辫，出现在你面前。在这个浮躁喧闹的世界里，她宛若一池静水，说话慢条斯理，却格外善解人意。她总说，人与人之间最重要的是情意，而你也相信，人与人之间有频率的共振。

那次聚会后，你莫名地想给她分享一首歌，于是你给她发了一条短信，让她聆听《遥远的妈妈》。果然，懂的人能从音乐中感受到你的心。从那天起，你们成了知己，尽管相识不过一周。这几年，你们相互扶持着走过，分享了彼此的欢喜，分担了彼此的忧愁。

今日凌晨，她留言给你说："既然青春留不住，但求精神不同阶。愿未来的日子，有高跟鞋也有跑鞋，喝茶也喝酒；有勇敢的朋友，也有厉害的对手；有对过往一切的情深义重，也有不回头向前看的未来。愿我们的美丽，是一种平静、温柔的力量，是助他爱他的人格。2016，愿你我所愿，不会落空。"

是的，亲爱的，生活不会辜负每一个真正热爱它的人。

那年你25岁。

你第一次真正意识到了"独立"的意义。

你把所有的希望寄托在别人的身上，可到了最后才发现，什么也留不住。一切还是原来的样子，不同的是，青春走过了一大半，你却还在原地停留，甚至活得狼狈而焦躁。该离开的都离开了，该带走的也都带走了，只剩下最真实的你，和最残酷的生活。

你开始懂了，原来自己想要的东西，唯有靠自己才能真正获得，去靠别人不是不行，却总少不了提心吊胆。从那时起，工作成了你的精神支柱，也成了改变你生活的途径。你终于变成了一个女战士，为追求内心渴望的明天穿上了盔甲，去和现实的重重阻碍厮杀。

那年你26岁。

你第一次挑战了那些令自己怯懦的东西。

你怕过马路，心里的阴影让你对车充满畏惧，而那年春节刚过，你却突破了心理的障碍，一次通过了所有科目的考试，顺利拿到了驾照。

你怕被呛水，在水里从来都是抱着游泳圈的人，而那年夏天，你却一个人在泳池里呛了几口水，练会了漂浮、换气、蛙泳。

你怕去医院，每次走进门诊大楼都会腿软，害怕突然遇见生离死别，内心的恐惧折磨了你十几年，而那年秋天，你却一个人在医院里照顾着最亲的人，跑遍了解放军总医院的各个科室，独自在手术室外等候消息。

你怕生活难，每次想起当初颠沛流离的情景，心里就涌起不安。老板和同事对你很好，而你也跟公司有感情，可就在那年年底，你还是做出了辞职的决定，带着一大堆行李回到了家，开始了无法预知的自由职业者的生活。

那年你27岁。

你第一次独自旅行，买了自己的第一辆车。

春天刚要来，你就背起了行囊，一个人坐上了从北京到昆明的列车。是的，你决定不再等了，就一个人上路，去完成渴望已久的独自旅行。这辈子，总要去体验一把一个人在路上看风景的心情。

曾经去过不少地方，可唯独那一场独行让你至今难忘，所有的收获全在心里，就连最亲爱的朋友也说，你完成了一次蜕变。

结束旅行后，你又完成了一件事——买了自己的第一辆车。车子不贵，却给了你积累勇气、享受自由的机会。你终于结束了在公交车站等车、被狂风肆虐的日子。瞧，生活不是一步步在变好么？尽管来得有点缓慢，可终究是来了，踏实地来了。

那年你28岁。

你第一次感受到扛起一个家的责任。

18岁离开家，回到父母身边，却转眼就到了28岁。彼时的你，只是"为赋新词强说愁"的孩子；此时的你，却成了"有苦有泪往肚里咽"的大人。这一切，究竟是什么时候转变的，你自己也不晓得，只是忽然之间觉得，父母一夜之间老了，再不是你印象中可以依靠的大山，而是更需要你抚慰和理解的亲人。

《小王子》里说："如果你想要建立羁绊，就得承受流泪的风险。"

村上春树也说："你要做一个不动声色的大人了。不准情绪化，不准偷偷想念，不准回头看。去过自己另外的生活。你要听话，不是所有的鱼都会生活在同一片海里。"

是啊，原生家庭是我们第一个家，但我们又像不同的鱼，不会都活在同一片海里。可什么是亲人，什么是爱？不就是你明明看透了他，了解他所有的缺点，却还是忍不住对他好吗？

在爱面前，所有的不同，最后都会化为包容。

那年你29岁。

你第一次有了被人关注的"名字"。

你默默地写了多年的字，偶然遇到了简书网，注册了ID。从此，你竟踏上了"不归路"。你再也舍不得辍笔，因为有人关注你、喜欢你、支持你。在这条路上，你一点都不孤单，每个日子都有人给你送祝福、送礼物、送关心、送呵护。无论身在何方，相距多远，你们都觉得彼此紧密相连。

虽然工作很忙，要想公众号不断更，日子就过得比往年辛苦，但是，一路上有那么多人陪你、那么多人帮你，苦一点，你也甘之如饴。

可可·香奈儿说："20岁的时候，你拥有的是自然生长的容颜；30岁的时候，生活的经历使你的容颜有了个人的印记；50岁的时候，你的生命全部都写在你的脸上。"

曾几何时，你是那么畏惧30岁的到来。

可是，当生命里最青春的十年过去了，你却不想回头。

生命在青春的流逝里，你变得愈发丰盈，再不会颠沛流离，再不会对生存充满恐惧，没有了怯懦自卑和歇斯底里，构建了精神世界的铜墙铁壁。你做着自己喜欢的事，爱着自己和周围的人，内心有足够的底气，暂时给不起的也不会太着急，至少每天都有看得见的努力。

嘿，三十岁，最好的人生刚刚开始。

人脉有多少价值，取决于你有多少价值

半月前，一位老同学在微信里拉我入群，似乎是中学时代的校友群。我看了一眼，没有同意，由于当时有事，也没来得及跟对方解释。直到上周，他突然在微信问我："怎么那天拉你进群，你没进呀？"

一时间，我还真没想到怎么说，就调侃地回了一句："怕人呗！"他笑我："怎么越大越腼腆了？"我问他这个群的同学是初中的还是高中的，他说是初中同学建的群，且同一届的学生都在里面。

一听到这，我果断告诉他："那我就不进了。跟我好的初中同学，都私下里联系，关系不好的，就算加了群，也没什么说的。"

我和这位老同学，初高中都在一个班，读大学时彼此的学校

离得比较近，周末经常同路走，所以关系应该算是熟络了，所以在这件事上就随性而为、实话实说了。他说："好吧，那以后就不拉你进去了。"我说："行，请谅解，现在真心不喜欢无效社交。"

果然，两天前我跟另一位同学在QQ聊天，他突然也说起了加群的事。我告诉他自己没有进群，也没兴趣。他说初中的两个同学进了群就开始胡乱调侃，结果说不到一块，就开始较劲了，虽然没那么明显，但气氛俨然不对，其中一人就想退群了。

他认为，这种群真是没什么意思，无非就是相互攀比、虚荣摆谱，没什么实在的东西。

我调侃着说："还不是看你过得不如我，我也就放心了。"

发过去这句话，我相信，屏幕那边的他肯定也在无奈地笑。

都说同学之间应该保持来往，多认识一个人，多一条路。以前，我还真信这句话，可现在不怎么信了。

人与人之间的交往，亲近者靠的是情谊，不够亲近者想要保持友好的往来，那就得具备均等的交换价值。当你有事去找别人帮忙的时候，彼此关系又没到那种熟稔的地步，他冒出来的第一个念头肯定是："我为什么要帮你？你能给我提供什么样的帮助？"

听起来很市侩，对么？可仔细回忆，这就是事实。就算第一次，他没有说什么，给你提供了帮助，你借助这个人脉得到了想要的结果，但是极有可能没有下一次了。

真到了下一次，你也不好意思再去开口了，因为你会觉得，我们两个好像是不同世界的人，这样求人家帮忙，似乎也没什么道理。

这里说的价值并非是金钱和物质，也包括心理和情感慰藉。这就好比，我今天请你帮忙处理一件事，明天你遇到情感困惑找我倾诉，我也乐意帮你消除那些负面的情绪。这其实也是一种价值交换，若是少了这样的连接，此段人脉迟早会断掉。

我向来不是那种特合群的人，也不善于伪装，喜欢就是喜欢，不喜欢就是不喜欢，不愿意面和心不和，更反感无效社交。生活很累，我想多花点时间在重要的人身上，而不是刻意去维持一段彼此都没太多好感、只停留在浅薄层面的人脉关系。

也许，对这件事，不同的人会有不同的想法。但同学聚会、群聊的热闹氛围，难免会有违和感，若是真正聊得来的人，有共同品位的人，到现在或多或少都会保持联系，而不是杳无音信好多年，突然发现你也在聚会的人群里。

我们所有的好奇，无非就是看看这些年你变成了什么样子，过着什么样的生活。可是，说真的，别人是落魄或是腾达，和我们有什么关系呢?

过于在意别人的看法,有些事就必须得违心去迎合。随着年龄的增长,要处理的事情越来越多,精力越来越不足,我们就不得不学会拒绝——包括无效社交。人脉是很重要,可这份重要是需要条件和资质的。

不管你承不承认,现实的故事大都这般"狗血"。

看到这里,可能有人会跟我说:"喂,你这样会没朋友的!"

亲爱的,你以为认识的人多,朋友圈里的人多,参加的聚会多,朋友就真的多了么?当你遇到困难,周围能给你伸出援手的,就会有一大堆么?

不一定的。让人脉真正地发挥作用,不是依靠你认识谁,而是你要成为谁。要知道,人脉有多大价值,取决于你有多大价值。当你具备了价值,你的格局会放大,你不会因为看到群里谁买了LV包包,开了宝马车,嫁了"富二代",就眼红得要死。当你具备了足够的价值,当你的才学和自信足以支撑你与更高层次的人产生思想共鸣,才能建立真正有价值的人脉关系。

若你只是空认识很多人,自己却没能力,那么,所有耗费精力去结交的"人脉"根本帮不了你,反而会在你受挫的时候,给你带来困扰和不甘。

没有特别幸运，那就先特别努力

生活中总有一些人，走到哪儿都散发着光芒。

在许多人眼里，YOYO就是这样的人——

"她的样貌很特别，确切地说应该是气质非常棒！跟一群女人站在一起，很多人最先都会注意到她——不做作，很大方，不俗气。"

"她29岁就成了一家培训学校的副校长，太厉害了！听她说话的语气，就能想象出工作中和为人处世上的她是多么圆润，但这种圆润并非浮躁和偷奸耍滑，不让人感到讨厌。如果我是她的老板，我也会重用这样的下属，认真勤恳又不死板，什么事都能帮你处理得游刃有余。把事情交给她做，绝对放心！"

"听说她的感情路也很顺利，每次谈及婚姻，她的脸上都会露出幸福的酒窝，那绝对不是强颜欢笑，而是发自内心的满足。都说家庭、事业难以兼顾，尤其对于一个已婚的女人来说，可YOYO似乎从来没有抱怨过这方面的问题，可贵的是丈夫对她还是一如恋爱时那么好。事业有成，爱情美满，多么美好的事情，多少人羡慕不来的啊！"

"我最欣赏YOYO的，还是她的个性。两年前她做了母亲，但角色的转变并没有让她自己的生活受到多大的影响。我见到过太多女人，做了妈妈后一心扑在孩子身上，留给自己的时间和空间少了很多，以往的兴趣爱好在孩子跟前都'退居二线'，但为了孩子她们愿意做出这样的'牺牲'，毕竟母爱无私。"

"YOYO也爱儿子，这一点毋庸置疑，但我实在想不出，她为什么每年都能有时间让自己来一两次出境游，还敢冒险去玩冲浪，敢到拉斯维加斯玩高空跳伞。她并没有因为孩子的出现而收敛那种喜欢冒险和尝试新鲜事物的个性，也不拒绝那些刺激的娱乐项目。单身时候的她，婚后的她，做了妈妈的她，看起来永远都那么精力充沛。她永远不会因为谁改变过自己的生活方式和生活乐趣，能够如此驾驭生命的女人，能有几个？"

他们所说的这一切都是事实。可惜，他们见到的、了解的、欣赏的，都只是生活在此刻的YOYO。YOYO是我相识多年的好友。倒退十年的光景，我们看看那时候的她在做什么。

读中学时，学业的压力和生活的压力都摆在YOYO眼前。为了帮家里维持生计，她每天下课都会跟随母亲到市场做小生意。体会到了生活的艰辛，见多了人情冷暖，她比同龄人更早一步学会如何与人打交道，如何与人沟通更受欢迎，如何做事才能让自己和大部分的人都觉得满意，如何利用它们来促成自己细微的愿望——多来光顾她家的生意。

读大学时，她不得不寻找"谋生"的手段——促销员，兼职助理，翻译，活动策划……她都尝试过。别人在享受大学的闲暇时光、美好惬意的时候，她不是在图书馆埋头找资料，就是在露天场地接受风吹日晒的洗礼。那一段经历，让她提早见识了社会，提早领悟了生活，也让她找到了日后的人生方向。

年少轻狂，谁不曾尝过爱的苦涩？YOYO也如是。爱上一个不懂爱、不懂珍惜的人，落得满心伤痕，过度的忧郁把YOYO折腾到了医院。病痛的折磨让她恍悟——爱一个值得爱的人，爱一个适合自己的人，才能有好结局，单方面的付出，永远换不来幸福。纵然是一段痛彻心扉的往事，可也让她在日后的感情路上少走了许多弯路。

再谈魅力，事实上YOYO真的算不得标准的美女，但若将美丽的定义局限于脸蛋和身材，那未免太过肤浅，也难以长久。她吸引人的，是一种深蕴的气质，是一份内敛而沉稳的气场，那不是靠浓妆艳抹打扮出来的，而是生活姿态的外显，不输给生活，也不输给自己，靠的是内心的充实，是在长久的岁月中沉淀出来的一种真挚的状态。

他们口中说的，和我所认识的，都是同一个YOYO；但他们所见到的，和我所见到的，是不同生活状态下的YOYO。只是，YOYO此时的生活状态满足了多数人对于幸福的想象，但她的幸运不是与生俱来的，而是诸多艰辛积累后的蜕变。

没有一蹴而就的完美，只有千锤百炼的淡定；没有从天而降的幸运，只有不折不扣的努力。愿我们都能在岁月的洗礼和狂奔的努力中，变成自己喜欢的样子，做一个闪耀着光芒的人。

在自己的故事里成为勇者，世界便无路可挡

　　漆黑的影院里，仿佛是一个人的包场，《致我们终将逝去的青春》中，陈孝正与张开的经典话语点亮了整部电影。电影结束后，R久久不愿离去，那句"连他自己都不相信自己可以拥有，所以注定得不到"，一遍遍回响在耳边，唯有经历过的人才会懂。

　　多年前，也是这样一个夜晚，R漫无目的地走在人群中，眼圈红红的。我觉得很抱歉，在一个男生如此狼狈的时候，与他在街头相遇。我只能看着他，不能给予任何的安慰，我知道，也没有人可以安慰当时的他。

　　相恋三年的女友，就像是挥别路人一样跟他说了再见。分手的前一刻，他还在畅想着未来，暗下决心要努力工作，许她一个看得见的未来。可这番话还没来得及说，就直接憋死在心里，那

种疼痛感，让R难以忍受。

那时的R，刚从南方的某校园毕业，孤身一人来到北京，周围一个朋友都没有。他是新人，在公司里是不起眼的小兵，什么都不会，都得从头学起。他在技术部打杂，竖着耳朵听总工交代的每件事，生怕遗漏了什么，中途出点差错，着实有点步步惊心的感觉。

读大学时，R是寝室里懒得出名的主儿，可工作后他却变得异常勤快。每天早上他第一个来公司，晚上最后一个离开，为的是能多做点事、学点东西，免得被人看扁。工作的第一个月，R掉了10斤肉，整个人都清瘦了。

R拿到手的工资只有3000，房租花掉800，水电费、电话费、网费要花掉200，吃喝要花掉1500，也没吃到什么好东西，最后剩下的就500块钱。如果赶上有哥们过生日，或是买两件得体的衣服，还得透支一些。想到这儿，他也苦笑了：怪不得女友要分手，连一束玫瑰都买不起，一顿西餐都吃不起，更别说带人去浪漫或是购物了。

钱——此前R从来都不入心的东西，此刻却牢牢吸引着他的目光。

我身边有许多跟R一样的人，他们在陌生的城市里漂泊着，那里有他们的爱情、他们的理想。他们住在狭小的房间里，省吃俭用，努力打拼。待一两年后，工资涨了一两千，可那房价又翻了倍，怎么折腾也够不着它的高度。

没有理想的生活不可怕，反正就是过一天算一天。真正可怕的是心里有理想，生活有追求，可怎么努力到头来都觉得是镜花水月，这种滋味是最失落的。毫无疑问，那时的 R 就陷在了这个泥沼里，痛苦地挣扎着。

要么，干脆离开吧？这个念头，在 R 的心里闪动着。

远在千里之外的家，没有这座城市那么繁华，但也不至于活得这么辛苦。在老家找一份差不多的工作，过轻松安逸的生活，虽波澜不惊，但也自得其乐，不是挺好的吗？何必像现在，像一只垂死挣扎的蚂蚱。

第二天，R 简单地收拾了行李，网购了一张车票。到了候车室，眼看着该检票了，R 的心里却有一种耻辱感油然而生。他心想："我这算什么？在这里混不下去了，就要背着包滚回家吗？"想到这儿，他真恨不得扇自己几个嘴巴，骂一句"没出息"。

想想当初来这里的时候，那么意气风发，一心想闯出点名堂，就算没吃、没喝、没地儿住，他也不在乎，只一句"我年轻，怕什么"就堵住了所有的恐惧。R 心里有一股莫名的愤怒，对自己无能的愤怒：不走了！就是输，也要输得坦坦荡荡，不能这么窝囊！

多年后，在电影院里听到那一句"连他自己都不相信自己可以拥有，所以注定得不到"时，R的心里五味杂陈。是的，他很庆幸，在最狼狈的时候没有放弃自己，没有选择逃避，而是留下来狠狠地拼了一把，简直是把自己逼到了绝路。然后，就这么，绝处逢生。

现在，R不再与人合租房子，他在郊区买了一套属于自己的房子，有了真正的落脚点，有个更懂他的女子做了他的新娘。走在公司里，他不再是那个被人呼来唤去的"菜鸟"，而成了颇受尊重的"R工"。

不了解R的人，看到现在的他，嘴里总说他运气好。但我知道，生活怎样考验过这个男人，如何把他逼到在深夜痛哭，而他又是如何在难熬的日子里强迫着自己笑出来，假装一切都不曾发生，咬着牙去迎接一个又一个挑战的。

在理想与现实的较量中，每个人都在马不停蹄地奔跑，熬过那段难挨的时光，就是生命最好的成长。你无须跟任何人比较，在自己的故事里成为勇者，世界便无路可挡。

把梦想揣心里，靠双脚去探路

出书的想法，我在上大学时就有了。其实，不只是出书，我那会儿还想着，能当自由撰稿人，有人欣赏，有人认可，不用坐班受限，想去旅行拔腿就走，享受边走边爱、带着一笔一本走天涯的惬意人生……

听起来挺棒的，是吗？没错，那是我最初的理想，可也正是因为它，我才有了那段"与全世界为敌"的落魄日子。

一直以来，我都算不上是合群的人，至今也一样。不同的是，曾经的我自命清高，不愿和看不惯的人相处，而今则是珍视时间，尽量减少无效社交。那时的自命清高，是看不起生活里的潜规则，孤芳自赏，不合流俗，满脑子琢磨的全是理想，向往的是桃花源一样的世界。你可以想象得到，带着此般认知过活的我，要碰多少壁，怄多少气？

毕业后，我加入了茫茫的求职大军，真正的磨砺开始了。投了不下一百份简历，打来电话的却没几个；面试了N个采编、撰稿的岗位，全都没下文了。我的理想，就那么悬空地飘着，跟地平线之间隔着长长的距离，看得到，却怎么也抓不着。

我独来独往，不喜聚会，沉浸在想象的世界里，进行自我欺骗。彼时我还觉得，自己应当被赏识，只是没有伯乐而已。偶尔听身边人说起，XX在某公司月薪三四千，我的心里就像被塞了一堆煤球，总想着他比我差远了。接着就是怨天尤人，说这世界对自己不公。

我讨厌铜臭的气息，听不惯谈钱的人，好像玷污了生活的纯真。看别人没有目标地随意乱撞，满世界去寻觅自己的位置时，我很不屑一顾，好像那意味着出卖了灵魂。但是，好可笑，我所嘲笑的人有钱去品尝美食，有钱去买漂亮衣服，而我却憋在出租屋里，掰着手指头算兜里剩下的钱。呵，多么滑稽！

后来，我总算还是找到了一份工作。在公司，我认识了小茜，这姑娘的状态和我差不多。我们之间原本话不多，但因一次偶然交换QQ，看到了彼此的空间日志，而成了朋友。

文字的力量就在于此，我不一定见过你，不一定认识你，但我会因为你的思想、你的文字、你的经历而欣赏你。没有道理，但这就是人与人之间的磁场与共振。哪怕只是一行字，区区十几个字，就能让彼此觉得像是相识已久的老友。

我和小茜都过着清苦的日子，却都心揣着一个文学梦。我擅长写短篇散文，她擅长构思小说故事，但字里行间都有自己的影子。理想就像是玻璃窗外的一条路，宽敞明亮，繁花簇拥，而我们却像玻璃窗内的蛾子，看似前途无量，实则无路可走。

真正的转变，是从我俩失业开始。

就职的那间小公司，业务不太稳定。空白期时，老板突然提出要放假。我和小茜当场懵了：您没开玩笑吧？我们可不是大学生，还需要放暑假，我们还靠着这点微薄的薪水过日子呢！因此，我们只得另谋出路。

后来，小茜找到了一家做艺术画展的公司，也算是与文艺搭边了。我则休整了一个月，办了健康卡，调整身心。再见面，已是一个多月以后的事。小茜突然告诉我，她想通了很多东西，这都得益于她的室友兼同事。她跟我讲，以前活得太飘渺了，在与一位优秀的同事相处了数日后，她才发觉应该去过一种接地气的生活。

我们谈了很多，关于理想，关于生活，关于爱情，关于金钱。

我也突然发觉，自己沉浸的世界太虚幻了，不够真实，而我所有的痛苦，都源自现实与理想的碰撞。我一直以为，只要心里的念头不熄、不搁浅，理想总会实现。可是那天，我终于懂了，飘在空中的理想不是理想，只有给它拴上能跟地面相连的绳子，才有可能顺着绳梯触摸到它。

思想变了，一切都会变。

我不再听那些凄凉的苦情歌，开始迷上汪峰的《怒放的生命》。是的，我开始渴望绽放了，在能够培育理想之花的土壤上，汲取生活赋予我的一切，好的、坏的，喜欢的、厌恶的，全盘接受。

我剖析了梦想，也剖析了自己。做自由撰稿人是多少人都在憧憬的事，可论资历、论才学、论文笔，我差得太远。也许，对我来说，那条通往理想的绳子，就是找一份多少跟文字沾边的工作，扎扎实实、心无旁骛地做下去。

算我走运，自己写的一篇小小说被国内的一家出版商看中了。自那时起，我进入了跟书和出版有关的行业。我曾以为，编辑和作者没有太大的区别，但事实告诉我，差别很大。我尝试了编辑的工作后，才发觉最初的想法过于主观，而我最擅长、最喜欢的只是书写，于是，我又换了一份纯文字的工作。

我终于体会到，做一件喜欢的事情，就好像全世界都与自己无关了。这种无关，不再是过去自命清高式的回避和厌恶，而是真的投入到所做的事情，无暇顾及其他。我努力地做事，得到同事和老板的认可，工资也不知不觉翻了一倍、两倍。

终于，不用再算计着兜里的钱过日子了，我可以在周末去图书馆看书，大胆地在外解决三餐问题，省出更多的时间学习；我有条件给自己报考进修班，不让青春岁月白白虚度。在前行的每一步中，我觉得理想好像离我近了许多，至少我再努努力，踮起脚就可以触碰到它了。我由衷地发现，接地气的感觉，真好。

我对周围的事物，包括人生观和价值观，全都发生了改变。生活不再是灰色的，少了抱怨和负能量，多了踏实的努力，认真的付出。因为我知道，抱怨除了让自己失去时间，还会失去心气儿。没了那股子精气神，一个人做什么都不会顺当——内在好了，外在的一切才会跟着好起来，工作、爱情、生活莫不如是。

视金钱如粪土的日子一去不复返了，世界上又多了一个渴望变有钱的姑娘，那个人就是我。毕竟，我们要的生活、我们所爱的人，都需要用钱供给他们一些必需品（此处不谈情感，只谈生存）。随着年龄的增长，生活方式的改变，我才知道谈钱不可耻，只是要取之有道，不被金钱腐蚀思想，且守住自己的底线。不然的话，就会变成自己所讨厌的那种人。

三年后，我成为一名自由撰稿人。距离理想萌生已经过去了七八年的光景。此时的理想，是那么真实，触手可得。

当然，做自由职业者，也得具备养活自己的能力，拥有一些储备资金。不然的话，半年没收入，靠什么生活？没能力拓展业务的话，谈什么自由？同时，这份自由没有想象中那样完美，很多人都如我当初憧憬它的时候一样，把它想得过于自由。其实，在自由的背后，你必须付出高昂的代价。所以说，人生永远都不会有完美的时候。理想和现实总会有些落差，这是正常的。

也许你会问：当理想成为现实后，你在想些什么？

说真的，我时常会想起当年那个清高得快要吃不起饭的自己，甚至还想嘲笑她："你连自己都养活不了，还谈什么理想？"若我能早点明白这个道理，或许能少走一些弯路，不过也未可知。很多时候，路仿佛是注定了的，不曾走过，永远都不会懂得。

说了这么多，你应该知道，我不是在嘲笑梦想。我嘲笑的，是当年那个不知天高地厚的自己！梦想是一件美好的东西，每个人都应当有，它会让人生变得更有意义，能感受到自己的多元价值。只是，当生活难以为继、举步维艰的时候，别急着去宣扬自己的梦想。

养活不了自己，意味着什么？

它意味着，我们还没有达到需要层次理论的最底层，尚未解决生存的问题。金字塔的地基都没有打好，如何指望能隔空建造塔尖？它意味着，我们还没有足够的才华和能力，在渴望的领域中获得别人的信任与认可，创造出不可替代的价值，没有价值，谁会给我们机会？

从需要层次理论上讲，解决温饱是基础，自我实现是顶级，现实和理想之间真不是一条直线，曲曲折折的过程，你总得去经历一遭。怕就怕你不肯接纳现实，死守着飘在空中的理想，那不得志的煎熬才会无休无止。

筱懿姐在她的新书里说——先谋生，再谋爱。

我想说，先谋生，再追梦吧！把梦想揣心里，靠双脚去探路，才是靠谱的选择。

Imperfection
can be wonderful.

第五章

一个人时，要活得像一支队伍

不完美　也可以　很美好

我已亭亭，无忧亦无惧

亲爱的，你是什么时候发觉，自己真的像一个大人了？

我大概是从不再四处诉苦的时候起，彻底明白了不动声色的意义。

前天，QQ群里的一个姑娘跟我说，她在用忙碌掩盖失恋的伤痛，说心里的难过不知如何跟人说。我没有扮演温暖的知心姐姐，也没有说太多安慰的话，只是平静地告诉她，感情结束的那一刻，痛苦是必然的，说与不说，它都会在那，谁也无法真正地帮到你，只能自行了断。

至于该做什么，我的建议就三个字——爱自己。

不是高冷，不是装样子，是在尝尽冷暖后的感叹。

遇到感情创伤的时候，我扮演过受害者的形象，去找自认为知心的人倾诉。然而，我得到的不是安慰，而是指责。彼时我才知道，原来这世界真的只有冷暖自知，不存在感同身受。谁也不是你，不知你走过的路，吃过的苦，心里的委屈，你如何能指望别人可以一针见血地刺破那个脓疮，让你释放出所有的毒素？

遇人不淑的话，情况就会更惨。你鼓起勇气揭开自己伤疤的那一刻，别人惊讶地冒出一句话："好丑！"是啊，谁也不是你，哪知你痛成了什么模样，在揭开伤口前做了多少次挣扎？你想要的安慰，到最后成了嘲笑，那种落差让你开始怀疑，你们之间到底是真朋友，还是假情谊？在看到你的伤口后，人家所想的不过是，幸好是你，而不是我。

你会不会以为，说出这样的话，意味着我对生活充满了绝望，再不相信真情？

NO！我喜欢一句话：真正的勇士，是看透了生活的真相以后，依然热爱生活。

我对生活的热爱，从未减少过丝毫，只是在经历了过往的那些事后，更加明白了人当学会自渡的道理。这世界还是温暖的，我所庆幸的是，身边也有一些不离不弃的知己，真正懂你的人，就算什么也不说，他也能窥见你的内心，在某个角落安静地等你。你说，他便听；你不说，他也不问。没有嘲讽，没有评判，有的只是对你身体、生活的关心，相比经历了什么而言，他更在意的，是你能否有勇气冲破阻碍，继续美美地生活。

四月的上旬，我的生活陷入了混沌中，连我自己都搞不清楚，生活怎么就变得一塌糊涂了。突然间发生的很多事让我猝不及防，某一个夜晚，也是哭着到天亮，感觉今后都不会再爱了。我不想承认脆弱，可在黑夜的笼罩下，还是摘下了面具去承认了这份脆弱。

那个夜晚，我也以为，我会花费很久才可以痊愈。然而，第二天天亮，看到了太阳，我就感受到了一丝温暖。哭过了，擦干眼泪，依旧微笑。我姐说，我看上去没心没肺的。是啊，没心没肺总好过哭哭啼啼。这几年，我逐渐学会了一件事：不给身边的人传递负能量。因为谁活得都不易，不能把自己的痛苦加给别人，况且说多了，痛苦会加倍。

我还记得前些天姨妈跟我说过的话。她讲，人生就是这样的，赶上了什么就是什么，得学会接受。说这话时，她很平静，我知道，这不是什么形式上的安慰，是她在用过往的经历教会我面对生活的方法。

时隔十天，我已彻底痊愈。混沌一片的生活，已被陆续整理出头脑，欠着编辑的稿子，竟然也在失眠的清晨和夜晚，不知不觉地赶上了。我不知道是什么给了我这样的力量，也许是过往的那些经历——那些没有将我打败的，让我变得更强了；也许是内心的自愈能力已经随着日益成熟的自己变得越来越强大了。

无论怎样，我都感激生活赋予我的一切。就算世界以痛吻我，我还是会报之以歌，因为笑是解决问题、保护自己的最好办法。这些年，我看过太多郁郁寡欢的人，折磨自己也折磨身边的人。你越是抗拒那些不美好，它就会变得越沉重；你傲娇得不可一世，给它一两个白眼，它往往就怂了！

有时，人比薄薄的蝉翼都脆弱；有时，却又比铜墙铁壁都强硬。若还有暴风雨，那就尽情袭来吧！我已亭亭，无忧亦无惧。

越是孤独，越要吃饱

一个人待得久了，就会忘了什么是孤独。

突然有一天，热闹起来，遇见相谈甚欢的人，情绪便犹如决堤，流泻一地。

好的，不好的，都以最真实的样子出现了。

只是，喧嚣过后，重新回到一个人的日子，不免怅然若失。

十一假期，我避开了所有的景点，懒懒地窝在家。约了三两好友在家里小酌，空荡的房间顿时多了几分人气。一年下来，这样的日子也不会超过三次，大部分的时间，只有我一个人在房子里穿梭。

朋友说，你家的东西看起来很整齐。

这是一句很讨人喜欢的话，可我心里没有被夸赞的愉悦，真相是一个人活动的空间有限，收拾了一次便许久都不会再碰它，除了落一层薄薄的尘土，自然不会有任何印记。

　　静下心来琢磨，与自己相处不错的朋友，大都也是比较"独"的人。有自己的爱好，有过独自旅行的经历，沉浸在自己的世界里，不会焦灼不安。

　　倒也不难理解，喜欢热闹的，总会拉拢三五好友聚餐约会。坦白说，这是我比较不喜欢的一种模式。越是身在人群中，谈论着无感的话题，我越是觉得冷清，总想早一点结束，尽早逃离。

　　那一刻，我会觉得，孤独真好，无须违心，亦不必妥协。

　　每一个孤独的人都像刺猬，周身长满了难看的刺，让人不敢或不想靠近，即使是同类，也难以掌握一个安全的距离，保证彼此不会受到伤害。多数时候，人就只能安静地躲在角落里，体味着所有的喜怒哀乐——快乐是一个人的，悲伤更是一个人的。

　　廖一梅说过——"在我们的一生中，遇到爱，遇到性都不稀罕，稀罕的是遇到了解。"

　　这一刻你的心翻滚着波涛巨浪，可在旁人眼里看到的却是唇边的一抹微笑，那笑容的背后究竟隐藏了多少故事，没有人知道。

　　多少情愫，多少酸楚，都得在无眠的深夜，自行了断。

　　孤独，由此而生。

朋友离京前，给我网购了一些餐具。她说，下次来的话，想尝尝西餐。

我期待与她的再次相聚，也愿意为她下厨做饭。对待在意的人，我最好的表达方式就是给他们做饭，满足他们的味蕾。那种温暖和甜蜜，胜过任何有名气、有情调的餐厅。再好的餐厅，终究抵不过"家"的温馨，而孤独的人，最需要温暖。

这一年里，我看到身边几位亲密的友人，都在经历着不同的低潮，是那种任你说再多安慰的话也无法起效的难过时期。我不会说太多安慰的话，特别是当已经知道无法安慰一个人的时候，就只会叮嘱他：记得好好吃饭。

越是孤独的人，越是孤独的时刻，越要照顾好自己的胃。

《孤独的美食家》中有一句话："不被时间和社会所束缚，幸福地填饱肚子的时候，短时间内变得随心所欲，变得自由，不被谁打扰。这种毫不费神吃东西的孤高行为，正是平等赋予现代人的——最高的治愈。"

美食，有治愈孤独和痛苦的力量。你可以去享受美式咖啡的苦涩与纯香，也可以吞下一大口黑森林慕斯，外加一块半熟芝士蛋糕；你可以去尝一锅刺激味蕾的辣火锅，让身体在热气腾腾的蒸汽中跟着暖起来；你也可以自己做几味清淡的小菜，斟半杯红酒，独自小酌。

人孤独了，心孤独了，就让味蕾先替你去感受生命、感受生活，慢慢调动内在的力量，找回那个可以享受孤独之乐的自己。

十一假期的最后一天，朋友都回归到了各自的轨道，明天的日子又将恢复如初。

北京的秋雨淅淅沥沥下了两天，空气湿冷，坐在房间里只感到丝丝寒意，有些沁骨。

泡了一杯枸杞红枣茶，依旧暖不了冰凉的手脚。我忽然意识到，是沉寂的空间唤醒了孤独，那一份烟花散落、聚后离别的忧伤情绪，一股股地涌上心间。于是，我放下所有的工作，所有的情绪，走进厨房，为自己准备一顿温暖的晚餐。

身在异地他乡的你，若也有那么一点点孤独，千万记得别饿着自己。

越是孤独，越要吃饱。

谁不是一边流泪，一边成长

他说："我是一个在时光的褶皱中拥着回忆并能舒舒服服睡着的孩子。"

睡梦里，一切都是最初的样子。父亲依然是精明能干的建筑公司老板，母亲依然是每天笑靥如花的贤惠模样。二十岁的年纪，他还会因为喜欢某一款新型手机而伸手向父亲要赖"借钱"，还会像跟屁虫一样追在母亲身后问她晚饭吃什么。梦里的心情，就像那套几年前新置的大房子，宽敞而明亮。

睡梦里，不知多少同龄人明里暗里地羡慕过他：有那么好的家境，不愁吃穿，偶尔还能跟着父亲做点小工程，学点实际经验。大家都说，他的未来不用规划，不用发愁，自然而然地子承父业即可，比游走在城市的各个角落找工作要强百倍。

其实，他根本没有认真考虑过前程，父亲就是他最大的依靠，母亲就是他最好的避风港，有他们为自己着想，他的生活只要开心便是。

梦醒后的生活，残酷而悲凉。

他怎么也想不到，不过三四年的光景，家里的富丽堂皇就成了虚设。表面上看，他们依旧住着大房子，开着不错的车，可实际上，父亲的公司已经亏欠外债近300万。

大学要毕业了，周围人开始寻觅工作的时候，他没能像过去那样，跟着父亲出现在某个工地，学着如何做生意。未经世事的他，根本不知如何应对外面的世界。更何况，而今遭遇了如此大的变故，他脆弱的心更是承受不了。

一瞬间，他仿佛什么都失去了。家人都还在一起，可氛围却已不似当初。唯一值得欣慰的，就是昔日的女友还在身边，不离不弃。只不过，两人天南海北地分离着，安慰也只是手机屏幕上的只言片语和听筒里传出的声音。

他始终没有出去工作，他说根本不知道自己可以做什么。家里的变故他未跟周围的朋友提起，如此，他还可以假装一切都没变，依然请朋友吃饭喝酒，扮演着那个被人羡慕和捧着的富家子弟的身份。买醉之后，剩下干瘪的口袋，回家暗自神伤。

与人聊天时，包括和女友说话，他很少谈及未来，说的总是过去的那些风光之事，到过什么地方，见过什么人，吃过什么东西。当别人说起未来的时候，他总是沉默不语，而后找个话题岔开。

女友鼓起勇气告别所在的城市，来到他身边，谋求新的发展、新的生活。当然，最终的目的是想陪伴他。他还是老样子，喜欢说过去的自己，谈论过去的生活。

女友找了新的单位，开始为今后的人生进行新一轮的奋斗。他却浑浑噩噩地度日，并未想过做出什么改变。不是不想，是根本不敢，没有足够的勇气。看到女友在新单位里平步青云，他内心的卑微感又重了，能够排解心情的，只有酒精。

看到他买醉的样子，女友一杯酒泼在他脸上。他惊呆了，认识那么久，她向来是温和的，像一杯暖心的奶茶，可那一刻的她，却像只凶猛的小兽，目光犀利，他根本不敢正视。接着，他听到了一番直戳心窝的话——

"你除了会喝酒，会买醉，还会什么？整天说着过去如何如何，告诉你，没有人欣赏你，你不过是在欺骗自己。因为你在逃避！你活在真实和虚幻之间，根本不敢去想明天，你对自己没有信心，对生活没有勇气！难道你就想这么自欺欺人地过一辈子？

懦弱地活在回忆里？"

他感觉胸口像被插进了一把锋利的刀，剜心的疼无比真实。这么久了，没有哪一刻像现在这般真实。他的眼睛突然模糊了，仿佛看见了那个懦弱的、胆小的自己站在眼前，朦朦胧胧地露出无奈的笑脸。

怀念过去的点点滴滴，怀念过去所拥有的，可如今早已物是人非，只是自己不敢承认和接纳。人总是要长大的，过去再美好，也终究是过去，是一段随风而逝的时光。沉湎于过去，就只是在欺骗自己，给自己继续沉沦下去的理由。

他突然明白了，活在过去虽不用面对现实，但现实依然会在他清醒的时刻不时地刺痛他那敏感的神经。想彻底结束这份煎熬和苦痛，就只有直面惨淡的现实，把过去留给时间，把握好现在，过好今天。

之后的他，和普普通通的年轻人一样，走进了社会，体会着磕磕绊绊，在磨练与坎坷中不断成熟。为了还上父亲欠下的那些债，他们卖掉了房子和车子，一部分用来抵债，一部分用来做小生意的本钱。

日子不那么轰轰烈烈，就像他儿时印象里的那个模样，父亲辛苦地谋生，母亲照顾家人，唯一不同的是，他在经历了那段沉沧的岁月后，长成了一棵树，可以跟亲人、爱人并肩抵挡风雨的、有坚固根基的树。

再美好、再伤痛的记忆都会成为过去，只剩下一些隐约的残片，挂在孤独的心房。也许你正经历着和他相似的人生，也许你曾走过那样一段岁月，但无论怎样，都请记得：不要沉溺于过去，奋斗和成长的路上，不要畏惧改变，你失去的只是短暂，追寻的却是永远。

总有一些路，你得一个人走

人生犹如一场旅行，有些人会陪你走过大半旅程，但他们终会与你走上不同的岔路。说到底，人生还是一场一个人的旅行。总有一些路，你得一个人走；总有一些滋味，你得亲自品尝。无人可替代，无人可陪伴。

出国前的那一年，日子苦闷无比。

午夜时分，她发信息给挚友："一盏孤灯，一本厚书，怀揣的是什么？只有梦想。"

周围安安静静，通宵自习室里的人寥寥无几，有人趴桌子上睡着了，有人看电影看得入神，有人跟恋人一起静静地发呆。她手里拿着GRE（美国研究生入学考试）的红宝书，枯燥零散的单词像一个个被施了魔法的家伙，"消灭"了不久之后，又自动"复活"，她就在背了忘、忘了背的循环中，看每天的日出与日落。

曾几何时，她还想着能有人与自己并肩作战，在相互扶持和鼓励之下，会走得更快、更稳，待到成功时，一起举杯庆贺，把酒言欢。室友中间也有人要考研，只是愿望不那么强烈，更多的像是在逃避现实的压力，希望晚几年再去工作。若真的考不上，也就算了。

有时，人一旦有了退路，往往就不会全力以赴。所以，此刻的她在通宵自习室，室友却在宿舍里蒙头而眠。也许，通往梦想的路注定是孤独的，但这是自己选择的、自己想走的，就注定要忍受孤独和寂寞，吞咽所有的苦楚。

出国后的第一个月，孤独而无助。

陌生的环境，陌生的人群，明明都认识却怎么也看不明白的路标，游走在异国他乡里的土地上，前所未有的孤独感萦绕在心间。她说，自己向来都是一个怀旧的人，需要用很长的时间才能从过去走出来，熟悉并爱上新的环境。

现实给不了她那么多时间，不管适应与否，都在强迫着你融入。你得熟悉附近的环境，知道搭乘什么车到商场，独自去银行办理业务……她多么渴望有一个熟悉的身影出现，带领自己去做这一切。可是真的没有，所有的期待和幻想不过是在消磨时间，该做的事总得做，硬着头皮也得去做。

留学生涯最初的那段日子，她再一次体会到了——有些路，真的只能一个人走。你不能寄托希望于任何人，你可以去他人身上找寻经验，可最终要去做那件事的人，始终还是自己。也好，当没有什么人可以依靠的时候，就真的懂得了独立，而学会独立的过程，也恰恰是生命中成长得最快的时光。

间隔年的那场旅行，她依旧无人陪伴。

研究生毕业了，她想来一场欧洲游，原本有校友约好同行，谁知对方在临出发前却变了卦。去不去？这是存在她心头的疑问：如果去，就要一个人到陌生的国家和城市，独自面对所有，肯定会有未知和恐惧；如果不去，就买机票准备回国，不知道何时才能够再有这样的机会。要带着不甘和遗憾离开这片土地吗？她反复问自己，答案只有一个：不！

背上背包，按照既定的路线，她出发了：时尚与浪漫共存的巴黎，历尽沧桑的罗马城，如同上帝的眼泪一般的威尼斯，纯情古城米兰，徐志摩笔下的"翡冷翠"——佛罗伦萨，适合流浪的布拉格……所见所闻，给了她视野上的超级享受，同时也让心灵品尝了一顿饕餮之宴。

沿途她碰到过许多热心的人，也见识过许多不懂当地语言却在异国他乡生存下来的人们，这一切帮她冲破了内心的恐惧。归来后，她自豪地说："我想，今后不管让我一个人去什么地方，我都不会害怕了。"

川端康成说："我独自一个人时，我是快乐的，因为我可以孤独着；与人相处时，我发现我是孤独的，只因为我已经变得很快乐！"

当一个人走过一条陌生的路，看过陌生的风景，在行走中找寻到那个强大的自己时，他就不会再畏惧生活。这段路无人陪伴，却能体验到精神世界的富足，可以借助一个人的时光来感悟生活、感悟生命。

一个人未必孤独，两个人未必不孤独。人生之旅，能够找到一路携手的人固然是幸事，可有些时候，有些路注定只能一个人走，有些心情只能一个人感受。孤独既可以让人变得脆弱，也可以让人变得坚强。

当你在追逐梦想的路上感到孤独时，不要害怕，那表明你在勇敢地面对生活、面对现实。忍住了孤独，就是又向想要的生活迈进了一步。

你可以虚荣，但记得要靠自己

C是我的旧同事，也是商务部里最不招人待见的姑娘。

人多的地方就有江湖，女人多的地方厮杀更是惨烈。商务部的姑娘有不少都是从大客户部调过去的，服务对象都是一些大型的知名企业，好歹也是见过点世面的，能力自不用说，而像C这样什么都不懂的"空降兵"实属不多。

我喜欢商务部的氛围。在这个功利的时代，多少事情都是"见人下菜碟"，可商务部不一样，这个团队里的人大都是"北漂"一族，都是靠自己的本事吃饭的。不管你是谁，有什么身份，若是能力不行，没有谁会把你当菩萨供着。靠实力说话的地方，你认识谁不重要，你是谁才重要。

C姑娘不识时务，没看清楚商务部是个什么地方。初来乍到的她，做事慢吞吞的，漏洞百出。对此，同事倒也没说什么，新人都是这么走过来的，勤快点，多付出点，老老实实地提升自己，很快就能赶上来。到时候，有了实力和本事，自然能堵住悠悠之口，驳回不屑的白眼。

偏偏C姑娘是个十分虚荣的人，见同事对自己那么不屑，心里不服，就开始另辟蹊径抬高自己。如果她能靠文学、音乐、舞蹈，或者其他特长博人眼球，也无可厚非。可是，C姑娘用的是一招下下策。

商务部的姑娘们有一个闲聊群，偶尔午休的时候，会分享一些美容减肥、八卦娱乐的话题，无碍办公室禁忌。

恰逢情人节之际，C姑娘上来就发了一张古驰包的照片，得意洋洋地问："大家觉得这包怎么样？"好看的包，自然都深得职场姑娘的喜欢，大伙儿都说不错。C姑娘抖出包袱："我即将是它的主人了。"有同事调侃说："跟'土豪'做朋友，好心塞。"

之后，大家才知道，原来C姑娘的包根本不是她自己买的，而是男朋友送的。C姑娘是一个现实的人，也是一个虚荣至上者。从她对男友的态度上大家都看得出来，她不是很喜欢对方，只是贪恋着对方送的东西，名牌包包、化妆品、衣服……每一件拿出去都能成为她"标榜"自己的资本。

她觉得，穿得好了，住得好了，有个"土豪"男友，认识有地位的人物，周围人就会对她改观。结果，她得到的只是自以为是的满足，好像在人前拔高了自己，可实际上，真正看得起她的人寥寥无几。因为，在那些自食其力，不愿做"缠藤树"的姑娘心里——我就是最好的奢侈品，任你再有钱，我的爱情不售卖。

肯定会有一些现实的姑娘说："哎，这分明是嫉妒心理在作祟，吃不到葡萄说葡萄酸。"

此话差矣。商务部的姑娘们真不是吃软饭。至少，我认识的几位姑娘，月薪都在六七千以上。那可是七八年前，跟现在的购买力不可同日而语，老总的工资也不过一万。现在，有两位姑娘已经在中关村创业了，她们完全有能力支撑自己想要的生活，追求真正的爱情，而不是为了虚荣心兜售感情。

N是我高中同学，也是我心里一直很佩服的女生。

读书的时候，N就告诉我，她家庭条件不好，周围的亲戚朋友都看不起她家，一旦有点什么事，大伙儿都躲得老远，生怕她跟他们借钱。N说："我不服输，早晚有一天，我得让他们看看，什么叫'风水轮流转'。"

当然，这些事只有我俩私下聊过，那些年我也从未开口跟别人说过。我知道，N是一个特好面子的人。她长得漂亮，身材也好，为数不多的几件衣服全是精品。在其他同学眼里，她的家境很好。现在，我敢把这些事情拿出来说，是因为走过了那段岁月，它成了一段值得分享的故事。

高考过后，N就去哥哥的朋友开的水产店里打工，那一个月，她赚了1000块钱。

我上大学时正流行MP3，N给自己买了一个，她不想别人有的自己没有。N的高考成绩不太理想，上了一所专科学校，学的是英语专业。自从上大学起，她就开始了四处打工的生涯，奇怪的是，在那么忙碌的日子里，她的学业居然没有落下，还拿了奖学金。

一些家境不好的孩子在大学里总有自卑感，大多是因为经济拮据。同学说聚会吃饭，心里想参加，跟大家打成一团，可没有AA制的钱；同学过生日，想大方地表示下心意，可生活费是有数的，买了礼物自己就没饭钱了；想给喜欢的女生一些惊喜，可是没有钱啊，连表白的勇气都没有……他们都想要钱，却不知道从哪儿弄来钱，这是最糟糕的状态。

N让我佩服的地方在于，她永远都能光鲜亮丽地出现在朋友圈里，出现在同学面前，不露痕迹地满足自己的傲娇姿态，又有本事支撑自己的虚荣。

她能说会道，假期一直在做促销，还托熟人的关系去做家教，赢得不少雇主的信任。大三那年，她交了一个大自己10岁的广州男友，男朋友在北京做健身产业，有空的时候她经常帮男朋友打下手，也学到了不少东西。

大学毕业后，N去了一所知名的连锁培训机构做业务员。在笨拙的我赚一千多块钱的时候，她已经赚到了四千，等我赚到了四千时，她又翻了一倍。毕业后，她就结婚了，还生了孩子，丈夫的事业也很好，经常带着她吃尽了生活之苦的爸妈去旅行，小日子过得其乐融融。

我在她的空间里看到过她在马尔代夫冲浪的照片，也有在韩国疯狂购物的场景，还有在拉斯维加斯玩高空跳伞的刺激场面……她穿得漂亮，身材火辣，穿、戴、用的都价格不菲，偶尔也会晒一晒自己的战利品。

偶尔，出席一些聚会之类的场合，N也很会摆谱，非得弄个姗姗来迟，让大伙儿都注意到她。事后，她倒也不隐瞒，还洋洋得意地说："有些人不就是喜欢贬人嘛，我就要嘚瑟，让那唾沫来得更汹涌……"说完，我和她都会哈哈大笑，觉得特别过瘾。

N一点都不低调，境遇不好的时候，也要光鲜亮丽地出现在人前；境遇好的时候，更是大摇大摆地晒出自己的优质生活。可是，相比旧同事C，我一点都不讨厌N的虚荣。每次看到她发的状态，我明明知道是在晒，却不会有任何的反感，内心却还会涌动着一个声音：此妞儿才是真正的"白富美"啊！

这是一个现实的社会，也是一个令人纠结的时代，就连杨绛先生那么通透的人都说："在这物欲横流的人世间，人生一世实在是够苦。你存心做一个与世无争的老实人吧，人家就利用你欺侮你。你稍有才德品貌，人家就嫉妒你排挤你。你大度退让，人家就侵犯你损害你。你要不与人争，就得与世无求，同时还要维持实力准备斗争。你要和别人和平共处，就先得和他们周旋，还得准备随时吃亏。"

要彻底无视外界的目光，真不是那么容易的事。过得好，有人嫉妒你；过得不好，有人奚落你。想免受周围异样目光的侵蚀毒害，你通常有两个选择：要么做一个与世无争、安于己心的人，要么翻身站起来用实力回应世态炎凉。前者得有超然的心境，后者得有出众的本事，两者都没有，活该你倒霉。

处在功利的世界里，超然物外的人太少，虚荣的心理需求却处处可见。既然摆脱不了世俗的念头，那心平气和地承认，做好一个俗人，也不失为一种本事。在我看来，虚荣本身没什么错，真的有问题的是，选择用什么撑起虚荣？

莫泊桑的《项链》里有个马蒂尔德，虚荣的她靠借珠宝炫耀自己；旧同事C，靠认识"大牛"拔高自己，靠以感情兑换来的物质填补内在的虚无。这样的虚荣如同一个迷幻的无底洞，让人沉浸在虚假的荣耀里，看不清自己的样子。其实，这不过是当局者迷，旁观者看得清清楚楚：你还是你，没什么了不起！附和你的人，无非也是想从你身上得到小恩小利，可惜那不是你的魅力，而是钱的魅力。

N那样的姑娘，内心也爱虚荣富贵。但她的虚荣，她的霸气，她的高傲，不是靠周身的名牌穿戴、事业有成的老公、认识某个大人物撑起来的。就算没有这一切，她依然有傲娇和任性的资本：一颗足够强大的内心，一股不屈的韧劲儿，一份走到哪儿都能养活自己的实力。

生活那么现实，谈钱不可耻，享受不是罪，虚荣也无可厚非。我的宣言就是，虚荣可以，装样子也行，前提是你得靠自己。

那些靠外在的东西支撑起来的虚荣，就像一个泡沫，阳光下闪着五彩缤纷的光芒，其实什么都不是。轻轻地一戳，泡沫破了，光鲜亮丽也跟着不复存在。

只有靠丰盈的生命、十足的底气撑起来的虚荣，才是自己的太阳，不必借助任何人的光，也能让自己闪闪发亮！

独自旅行，遇见未知的自己

30岁的生日，苏珂跟自己的"女人帮"一起过。大家举杯为她庆祝时，她却调侃着说："岁月真是一把杀猪刀，宰割了我美好的青春。今天，就为这个'刽子手'干杯！"

苏珂过着"标配"女人的生活：有稳定的事业，顾家的丈夫，两套坐落于市中心的房子。多少人梦寐以求的东西，她似乎毫不费力就得到了。表面上看起来，她活得很惬意，就算跟人说自己过得不好，也总会被一句话顶回来——"你要是过得不好，那我们就别活了。"

没有人知道，苏珂说的其实是实话。她拥有的物质不少，可实际上，她根本不知道自己真正要的是什么。她的心一直紧绷着，塞满了许多人和事，却没有容纳自己的地方。

她曾经私下跟我说："我从16岁时就开始谈恋爱了，这算是早恋了吧？自那以后，我的生活就在'分手'和'恋爱'间转换，我从来没为自己活过，也从没有跟自己独处过。"

我能理解她的感受：人是自由身，心却置于牢笼。这种纠结，让她每天生活在悲伤、恐惧和迷惘里，除了累还是累。

某天清晨，苏珂出门时，忽然下起了大雨。被大雨淋透了的她，突然忍不住大哭起来。她没有去公司，窝在家里躺了一整天。她脑海里突然想起一句话："一辈子总该有那么一回，一个人到外面的世界去看看。"

为了给自己时间和空间想清楚，苏珂给上司发了一封E-mail，里面写着她的辞职信。她收拾好行囊，给丈夫打了一个电话，说自己想出去散散心。这一走，就是一个月。

她没有到其他的大城市，而是选择了偏僻的乡村。在那里，没有城市里的车水马龙，没有匆匆忙忙的步伐，一切都是那么自然，那么淳朴。她租了一间别致的小院，享受着纯天然的农家饭，偶尔骑车到附近的海边散心，或是跟着渔民们一起打鱼。晚上在房间里，她听着喜欢的音乐，看着自己喜欢的书，感觉得到了灵魂的重生。

她用一个月的时间，走进自己的精神世界，安抚了她那颗躁动的心。她突然发现，自己从来没有认真地享受过孤独这份绝美的心境。这一次，在独行的日子里，她真正地和自己心进行了一次沟通，找回了安宁的灵魂。

旅途结束时，她突然想起了丈夫，想起了自己的家。她萌生了一种想念的思绪，也终于明白，自己不是不爱，只是从前靠得太近，忘了给自己的心留一片缓冲的空白。

我很喜欢周国平在《灵魂只能独行》中写过的一段话：

"灵魂永远只能独行，即使两人相爱，他们的灵魂也无法同行。世间最动人的爱仅是一颗独行的灵魂与另一颗独行的灵魂之间的最深切的呼唤与应答。灵魂的行走只有一个目标，就是寻找上帝。灵魂之所以只能独行，是因为每一个人只有自己寻找，才能找到他的上帝。"

独自走在路上，看陌生的风景，遇陌生的人，那种充实与满足感，是一种特别的人生体验。它并非是一场简单的行走，而是在行走中寻求精神世界的富足，借助一个人的时光来感悟生活，感悟生命。找到了自己的精神世界，就不用再借助外界的一切来填补心灵的空虚。

经常会有朋友说："生活在远方，旅行是为了找到快乐。可是，旅行归来之后，一切并未改变，反而觉得更累。"其实，这是掉进了一个"陷阱"。

旅行的确能够缓解身心的疲惫，但前提是要明白旅行的真正意义，以及带着什么样的心态去旅行。心灵上的束缚和压抑，不是换一个地方就可以改变的，我们走遍了全世界，也不过是想找一条走向内心的路。你若不能在旅途中寻回自己的心，那么，走得再远也是徒劳。

旅行和现实从来都不是对立的关系，那些"辞职去旅行"的口号，就让它活在微博、微信里吧！如果只为给旅行找一段时间而冲动地辞职，那么这样的旅行根本算不上旅行，而是一种变相的"逃避"。别忘了，一切感受源自内心，就算你逃得再远，也逃不过自己的心。

旅行的意义不是简单地游山玩水，也不是向人显露自己的阅历，而是在于用心去体验的独特情怀。旅行中看到的一切，使我们回望自己，让我们在归来后有更加认真、更加积极的生活态度。旅行，不仅仅用腿，更要用心。

这些年，我也去了一些地方。让我受益的经验是，在路上的时候，不去想烦恼的人和事，不向外去求解脱，享受暂时的舒解和欢畅，回来再做一个"新人"。见识的地方多了，漂泊的经验丰富了，那些风景与异域色彩会在心中渐渐散去，留下的是一个更好的自己。

用一颗优雅的心，过烟火日子

你最爱买的家居物件是什么？我最爱收藏的，莫过于餐具和杯子。

透明的玻璃碗，来装沙拉和水果最漂亮；萌萌的布丁瓶，用来放酸奶和谷物片可爱至极；各式马克杯、茶杯、随手杯，像列兵一样站在家里的某个地方，队伍还在不断地壮大。有时，长辈会念叨，没事买那些东西干什么？用什么样的杯子喝水不一样？我只是笑，依旧买个不停，乐此不疲。

王小波说过："一个人只拥有此生此世是不够的，他还应该拥有诗意的世界。"

日子是平淡的、琐碎的、重复的，没有谁的人生每天都充满新奇，若有，那也不过是懂得自娱自乐，用心去经营和点缀，让平凡的日子发出一些微弱的光芒。就像每天喝水、吃饭，是再平常不过的事，随意敷衍也是一天，精心打理也是一天，可两者的心境截然不同。

我是从一个人独立生活时才开始爱上做饭的。起初，我也是什么都不会，但后来发现，一个人生活最要紧的就是吃饭，每天在外面吃快餐，始终找不到家的归属感。而后，我就买了所有的厨房用品，收拾出阳台的一个小地方，把它变成厨房。

那会儿住的房子挺简陋的，房东给的家具也比较陈旧，为了好看，我只得自己去外面买桌布以及好看的贴纸，把它们包装一下。不然，它们摆在屋子里，就很像回到了二十世纪五六十年代，且风格不一，很不顺眼。

有人觉得，讲究和精致是应该有物质环境作为基础的，就好比你得买一套像样的房子，精心装扮才有意义，而在我看来，精致其实是在不起眼的地方，甚至是别人看不到的地方花费一些心思，让自己感到舒适。

精致，在于细节的地方，而非表面，更不是做给谁看。

开始自己下厨后，几乎每周我都会研究新的食谱，尝试着去做新鲜的菜。说实话，这么做的乐趣，不在于做出来的饭菜有多好吃，因为有些新试的菜的味道真的不太理想，可钻研和制作的过程中，那份发自内心的激动和满足，却是弥足珍贵的体验。

每周研究一道新菜，享受的不只是味蕾，更多的是心情，在平凡无奇、普普通通的日子里，感受到了它的独特和美好。它会让你觉得，日子每天看似一样，却也可以不一样。用最合适的餐具，盛亲手做的饭菜，把它们摆放成漂亮的样子，借助一块亚麻色或深灰色的桌布，就能拍出很清新的照片，放在照片墙上，胜过高昂的艺术品。

生活，本身就是一种艺术。

你也许不喜欢下厨房，但你势必得有一样爱好，或是养花，或是音乐，或是写作，这些东西都是可以陶冶情操的。在面对花开的瞬间，你会感到一种绽放的动力；聆听音符跳跃的时候，你会感受到内心的澎湃，涌起一股激情；在静心写作的过程里，你体会到的是生命的沉淀，以及对过往所有经历的缅怀与感恩。

多年前，我去过一位女同学的家，看到她家的客厅里摆着一个刺绣的架子，放着一块蓝色的绸布，上面是绣到一半的凤凰图。问过才知，这是她妈妈的杰作。周围的人很少有专门从事这种刺绣工作的，我初次见到确实兴奋无比，也震撼同学的妈妈竟有如此精巧的手艺。

细看家居的布置，也不落俗套，虽摆设的不是什么值钱的物件，可给人的感觉却格外的温馨、舒适，像置身在一个惬意的小天堂。有趣的是，隔段时间再来，我发现家具的摆放调换了位置，添置了一些小摆设，多了几株盆栽。

后来，我从别人口中得知，同学和她妈妈、妹妹，母女三人相依为命，全家都靠母亲养活着。再看同学的妈妈，当时是40岁左右的年纪，笑起来却依然那么美好，脸上不带一点愁苦，平和而温婉。

日子对谁来说都不容易，美好都是经营出来的，你愿意在细微的地方用心，它就会显得不那么枯燥乏味，能维持一股新鲜与美好。

写作是我日常生活的主旋律，你问我枯燥烦闷么？说真的，亦会有。多数的日子，我都是一个人憋在房间里，一天下来没有人跟你说话，甚至长年累月都是在同一栋房子里，没有什么新鲜的东西。这种生活比不得坐班，有同事说说话，偶尔能看到新人的面孔，有周末可盼。对自由职业者来说，这一切都是奢望。打破枯燥最好的办法，就是自己去制造快乐。

每天工作之前，像上班族一样给自己化个妆，穿上喜欢的衣服，这真的比蓬头垢面、穿着邋遢的睡衣让人觉得更有自信；一周给自己做不重样的早餐，中西餐都尝试，简单为上，配上不同口味的咖啡，或是尝尝不同的茶，都会找到爱自己的感觉；经常换换电脑桌面的壁纸，把输入法的皮肤换成喜欢的样子，也会给单调的工作带来点小新意。

日子每天都是相似的，而这些小小的用心，却能让人感受到不一样的风景。

我们都是尘世里最平凡的人，无力去承担奢靡的生活，而那种生活也只是一时间的痛快，并非常态。

人生绝大多数的时光，都浸泡在琐碎繁杂中，甚至还有一堆的烦心事。我所愿的、所想的，就是用一颗琴棋书画的心，去过这柴米油盐的日子。若有懂的人陪伴，自然很好；若无缘相依，也不虚度美丽人生。

第六章

没有很糟糕的生活，只有很糟糕的活法

不完美　也可以　很美好

你不是懒，是野心太大

    整整两年的时间，G帅哥都待业在家，当个游手好闲的公子哥，吃着老本。他爱人在一家国企上班，工作挺安稳的，就是赚钱不多，家里的日子虽也说得过去，但氛围总是怪怪的，不那么愉悦。

    结婚前夕，G帅哥是一个挺上进的小青年，成天跑建材生意，属于无固定单位的业务员，完全靠赚差价。后来，在工地当头头的朋友去了南方，G帅哥的大财路也被中断了。从那时起，他就过起了睡觉、吃饭、打游戏的日子。

    爱人开始还能接受，心想着：这条路走不通，就慢慢找其他路走呗！可这一找，就是两年多，实在让人有点心急。爱人的单位有空闲岗位时，她有心想托托人，让G帅哥去面试。谈了半天，G帅哥都不同意，说不想两个人在一个单位上班，况且坐班受限制，不适应。都是成年人，工作的事勉强不来，爱人也没说什么。

后来，G帅哥的亲戚给他介绍了一个工地，说是可以承包一些小的工程，问他干不干？开始听到这个消息，G帅哥还挺激动，说这样的好事怎么能错过？可再一听说，这个工程干下来也就一个多月的时间，刨除人工开支和材料费，到手不超过7000块钱。G帅哥想了想，把活给推了，说："以前我跑建材的时候，怎么着一个月也能万八千的，这起早贪黑的一个多月，赚这么点钱，忒廉价了吧？"

身边的人都知道了G帅哥的性格，也就没人再给他介绍工作了。G帅哥的现状，惹得爱人很不满，她总是跟朋友念叨："G太懒了，稍微累一点的活就不想干，轻松的活又嫌钱少。我当初真是瞎了眼，怎么找了这样一个好吃懒做的……"

开始，我也觉得，G帅哥是待懒了。可现在想来，懒只是一个表象。

我想起父亲的朋友M叔，十年前，在父亲的介绍下，开始做起了养殖业。起初，他的心气还挺高的，也确实赚了钱。很快，他就开始扩大规模，第一批鸡还没有卖出，马上就开始进第二批鸡苗。这样不仅人累，风险也大。果不其然，在做到第二年时，M叔就开始赔钱了。

M叔不甘心，觉得是地方不够大，就开始另外寻觅地方，继续做养殖产业。他前后投入了十多万元修建养殖场舍，总算是踏实下来了。所有人都劝他，别着急忙慌地走，一步一个脚印比较稳当。M叔不听劝，总想着自己先前已经赔了，现在地方有了，就得大规模养殖，这样就能很快回本。

很无奈，不知是M叔运气不好，还是事情注定如此，他又赔了。最后，兜兜转转一大圈，他把那块地承包给了别人，又在离我家不远的地方租了一个小规模的厂子。规模虽不大，但如果踏实肯干，一年挣个十几万还是没问题的。但我却听说，M叔很少亲自干活，都是他爱人，还有雇的一个亲戚在做事。

熟人都说，M叔太懒。每次折腾生事的都是他，干活的时候连个人影也看不见。后来，M叔去开出租车了，跟别人开双班，可他还是随心所欲，想去就去，不想去就开车出去了，说还得找点其他路子，做点"大事"。

在外人眼里，M叔就是一个游手好闲的懒人，把所有的活都扔给家人，自己去外面惹乱子。可在我看来，若是真懒，大可在家蒙头睡觉，不必去开出租车，也不必去找其他路子。他所有的懒，都是因为对眼前的生活不屑一顾。

从本质上来说，G帅哥和M叔是一类人。他们不是真没能力，也不是真的懒，而是好高骛远，野心太大，总想着赚大钱，一夜之间飞黄腾达，看不上平日里点滴的积累。

人生应该有理想和目标，不然的话，靠什么支撑着我们往前走呢？这个世界里，有梦想的人很多，只是真正追到梦的寥寥无几，剩下的多是抱怨狂，和得过且过的平庸者。也许你会说，现实环境很残酷，有太多的制约，可我想说，最大的症结不在外部，而在人心。

我绝不是说，平凡的人不配有高远的目标，而是想强调——在我们选定了一个高远的目标之后，究竟该做什么？

据保守估测，G帅哥和M叔的目标，起码是年薪30万。很显然，一个够不上五位数的项目，一个小规模的养殖场，一份开出租车的工作，很难满足他们的心愿。在得知踮起脚尖也够不着果子时，他们的选择就是放弃，寻觅另外的果树，期待着有一个长满果子的、矮个的树，能让自己一次摘个够。

试问：可能么？若真有那样的机会的话，怎能保证就轮得到你呢？

前段时间，我得知常去的那家养生会所搬到了一个新开盘的小区。照着地址找了过去，呵，那社区果然"高大上"，法式建筑，很有情调，很喜欢！可惜，摸了摸兜里的钱，首付都不够呢！买不起，达不成目标，怎么办？我当时想起一句话："当才华撑不起梦想时，最要紧的是做好眼前事。"然后，我果断忘了房子的事，回家打开电脑码字。

梦想很美，要拉近心和它的距离，就得把野心逐层分解——

此时此刻，此身此地，做你可以做到的事。

无法付诸行动的梦想，永远只是乌托邦。你我皆凡人，没背景，没依靠，也没老鹰的翅膀，那就好好当个蜗牛，慢慢爬吧！

熬过了痛苦，才能得以成长

芮从大学时开始暗恋一个男生，至今足足有四五年的时间，却始终没有透露一丝一毫。她是他最好的倾听者，是他有求必应的"兄弟"，是他生命中很重要的一个人，只是，这种重要与爱情无关。

不知从何时起，男生和芮的联系渐渐地少了，给他发短信，不是立即就能得到回应，即便回应了，也只是淡淡的，彼此间的距离一下子就拉开了。她心里很失落，可又不敢质问，因为她对他而言不过是朋友，既是朋友，那么需要她的时候她在，不需要她的时候便各安天涯，如此就好。

直到有一天，芮在男生的微博里，看到他与另一女孩的合影，两人在海边度假，浪漫而美妙。这样的场景，她暗自想象过无数次，没想到，回归到现实中，主角终究不是自己。她很想送一句祝福，打了半天的字，最后又按下了删除键。

当心痛到无法呼吸时，祝福的话，无论怎么说都带着些许伤感和遗憾。更何况，他的世界里，已经完全没有了容纳她的地方，否则，他开始了新的生活，她又怎会最后一个知道？

那段日子，她变得很沉默。过去的所有，都化成了记忆，封存于脑海。周围的人都忙着恋爱、结婚，她却无心与任何人谈情说爱。心里的伤，藏得深深的，没人看得见，自己却疼得直咬牙。她知道，这种痛苦没人能替代，只能自己熬着。

"暖男"R为了心中的"女神"，放弃了回家的打算，留在一个陌生的城市。他独自在异乡漂泊，身边没有一个亲人，昨天还是学校里什么都不用想的学生，眨眼之间就成了社会里的职场新人，心情起起伏伏，寝食难安。

他早在网上听过"蘑菇定律"一词，可当一切真的发生在自己身上时，才明白"知道"与"体会"根本是两回事。寒窗苦读这么多年，他心里一直想着毕业后能够找到合适的土壤，却没想到，自己像蘑菇一样被置于阴暗的角落，做着打杂跑腿的事，经常被人批评、指责，偶尔还要代人受过，没有谁在意你怎么想，没有人关心你的感受，完全是自生自灭的状态。

熬得住，你就熬着；熬不住，你就走人。因为在自己被看成是"蘑菇"时，再怎么强调自己是"灵芝"，也没人会相信。每每想到"女神"，想到他们的未来，他都咬咬牙，告诉自己，慢慢熬。

有人说过，那些生命中最难挨的时刻，你都应该试着独自熬过去，无论你有多渴望某个人能给予你帮助，都要忍耐，再忍耐一番。用最孤独的时光塑造出最好的自己，然后才能笑着对旁人说起那些云淡风轻的过去。

时光如白驹过隙，一转眼已是多年以后。

芮嫁为人妻，论样貌，论家境，论才华，她的丈夫都超过了当年暗恋的男生。当然，更重要的一点是——他视她如珍宝。

想起最黯然神伤的那段日子，她说："那场暗恋，耗费了我太多的精力和情感，心里、梦里、脑海里，统统都是他的影子，怨过也恨过，但我明白，不是那花，终究结不出那果。你知道吗？那段日子，真的很煎熬。当时我真的觉得，以后再也不会那样喜欢一个人了。"

说到这儿，她轻轻一笑，又言："可谁知道，上天让我遇见了现在的他……所以，未来的事，真的不好说。"

"暖男"R晋升中层，再不是那个任人数落的"蘑菇"。在面对下属尤其是职场新人时，他总说："不管多优秀的人，初次做任何事情，都会有些别扭。那样的经历很磨人，可单单痛苦无济于事。你必须懂得把痛苦升华，把自己的生命能量转移到更有创造力的地方去，才会有生命的另一重天地。"

姑娘芮和"暖男"R，也许就是现实中的你我——与挚爱的人擦身而过，饱受失恋或相思的痛苦；在成长的岁月里，经受现实的打磨，有说不出的委屈，有道不尽的心酸……可是，别急，别慌，慢慢来，就像这个世界温柔地等待你成长那样，用同样的姿态去等候一份爱情，证明自我的价值，在温柔中不慌不忙地坚强。

早起看到陈忠实先生去世的消息，我忽地想起了他在《白鹿原》中写到的那段话："好好活着！活着就要记住，人生最痛苦最绝望的那一刻是最难熬的一刻，但不是生命结束的最后一刻；熬过去挣过去就会开始体验呼唤未来的生活，有一种对生活的无限热情和渴望。"

生活就是这样，总得先学会"忍受"，才有资格和能力去"享受"。你想去的地方，总要经过漫长的煎熬，才能最终到达。没有人在乎你在深夜痛苦，也没有人在乎你辗转反侧地熬过几个春秋。而你也无须告诉每个人，那些艰难的日子是如何熬过来的——隐忍灰暗，展现光鲜，人都是在默默承受里长大的。

当生活给我们一记耳光的时候，我们会很疼、很难受，可把那些痛都熬过去的时候，我们往往会变得不一样。真的就像海子所说的：

"我们最终都要远行，都要跟稚嫩的自己告别，也许路途有点艰辛，有些无奈，但熬过了痛苦，我们才能得以成长。"

你的善良要留给值得的人

前些天，我放在一楼门道里的小自行车失踪了。

入夏之际，为了方便，我从父母家把搁置已久的自行车搬到现在的住处，为的是出门买东西、到小区门口取快件方便一些，原本这栋单元里的住户不多，且都是本地人，我就没给自行车上锁。

有一回，我骑着小自行车路过小区的广场，一楼住的老头跟我说："我那天骑你的车了，去买了点东西。"我回应他说："有需要的话，就用吧。"其实，我心里想着："能买几回东西呢？又去不了远处，用一下也无妨。"

可这之后，麻烦很快就来了。

那天，我准备去拿快件，结果发现自行车没了，不知道被谁骑走了。那会儿是中午，外面挺晒的，我只好走着去小区门口。等我走到一半的时候，突然看到一个大胖姑娘骑着一辆小车，车座子一颤一颤的，那一刻我认出了，那是我的小车。

坦白说，我真心疼了，她的体重恐怕得有七八十公斤，我的小车就像受虐的儿童，感觉真是招架不住。她大摇大摆地从我身边骑了过去，面不改色心不慌。是的，她根本不知道骑的是谁的车！

我叫了她一声，说那是我的车。她似乎也没觉得不好意思，只说"噢，我不知道"。我没多说什么，接过自行车摇摇头走了。

再后来，我又看见一个六七岁的男孩，骑着我的小车在小区里玩耍，他依然不认识我。我真有点懵了，感觉小车成了公共自行车。我想着，回去得把小车上锁了，再这样下去，小车还不知道会沦落谁家。

等我做了这个决定后，发现已经晚了，小自行车不见了。一天、两天、五天，迟迟不见它归来。以往，它都是被骑走几个小时，至多一天，可现在它居然消失了近十天。我每次出门都得步行，心里开始惦念着我的小车，盼着它早点回来。我甚至怀疑，难道这么偏僻的小区里也有窃贼？

从那天起，我开始在小区里留意每一辆自行车，希望能找到我心爱的小车。可是，我失望了，怎么找都没有它的影子。我把这件事跟身边亲近的朋友说了，说这些人真是过分，骑走了也不送回来，我好心借给他们用，他们却理所当然地把它归为己有。

朋友倒也直言，说："这也是你的选择。善良是好事，但你也得知道，善良得给懂的人。"

这句话，敲醒了我。善良，源自内心的共情，是能够理解别人的情绪，可以适时地满足对方的需求，给予对方想要的东西，这是一份难能可贵的品质。但是，善良也需要把握限度，恰如爱默生所言："你的善良必须有点锋芒，不然就等于零。"

什么才是带着锋芒的善良呢？我思前想后，没有琢磨出一个标准的定义，但好歹想明白了几个问题，也算欣慰吧！

一、懦弱不等于善良。别人说什么，你就听什么，从来不去反驳，也不敢提出异议，哪怕心里有不同的想法，也忍着不说，总怕得罪别人，伤了别人的心。我曾经也犯过这样的错，现在想来，这根本不是善良，而是逆来顺受，是懦弱和窝囊。你越是以这样的姿态示人，别人越有可能变本加厉地为难你。

二、要把善良留给懂得感恩的人。有句话是怎么说的？"我为你雪中送炭，你愿我家破人亡"，其实，这就是把善良给了不懂感恩的人！你要与人为善，但也得及时止损，当一个人在你停止对他的帮助时，忘却了曾经你给予过他的一切，或是对你的态度骤然变冷。那么，亲爱的，这样的人不理也罢。要知道，一个不懂感恩的人，对任何人、任何事都会心存怨恨。

三、纵容他人是对自己残忍。如果有人做了让你很反感、很恼火的事，记得表达出你的感受，语气可以委婉，但要拿出你的姿态。如果你打心眼里不愿意做一件事，那也请你表达出自己的想法，真正对你好的人不会为难你。别担心这样的姿态太过强硬，所谓的温柔，也得看用在谁身上，违心地迎合他人，纵容他人忽略自己的感受，那就是对自己残忍。

替别人考虑，为自己而活。有同情心是好事，能替别人考虑是修养，但是千万不要被他人的感受"绑架"。你就是你，你当为自己而活，遵从内心的声音，而不是因为谁对你好、谁为你付出得多，就勉强让自己选择妥协。不喜欢一个人，不喜欢一件事，婉转地说出你的想法，鼓起勇气拒绝，人生终究是你自己的。

关于我失踪的小自行车，我在一楼的门道里贴了一张A4纸大小的"海报"：

"谁把B门的小自行车骑走了，请给我还回来！您借用得太久了！"

果然，"海报"是早上贴出来的，下午我再下楼的时候，小自行车就停在门道里了。我把它搬到了家里，不免一阵心疼——小车右边踏板的轴已经往里面凹进去了，车的链盘也瘪进去一块，看样子像是摔的。到今天，我还没来得及去修理它，但心里已经着实记住了这个教训。

往后的日子，我依旧会做一个善良的、温暖的人，但我的善良一定会带上些许锋芒，绝不会再让人把它视为软弱可欺，当成肆意妄为的资本。

我的善良，只想留给值得的人。

身心若有所依，谁愿颠沛流离

　　几年前，我跟老板出去应酬，陪一位女客户吃饭。对方是一家民营公司的老板，40岁上下，独身一人。外界看来，她也算事业成功了，作为一名只身来京的"北漂"，一步步经营着自己的公司。一向谈笑风生的她，给人的印象总是那么爽朗。

　　可我总觉得，没有谁的生活是那么简单、那么容易的。在别人看不到的地方，总有那么一两处隐隐作痛或是撕心裂肺的伤口，只不过有人藏得深，未曾表露出来罢了。

　　席间，女客户对我老板说："真羡慕你，好歹你们是两个人（夫妻）一起经营公司，有人给你搭把手，出个主意。不像我，什么都得自己来，压力太大了。"谈及这话题，外人真不知如何安慰，不回应显得冷漠，说太多却更让人不适。所以，我老板也只是笑笑，说每种生活方式都有利弊，稍加安慰，便转移了话题。

外人眼里的女强人，也不过是身心无所依靠、不得不硬着头皮前行的柔弱之躯。女人该独立自强，成为一个"强女人"，有养活自己的资本，有选择生活的权利，这是自爱、自尊。然而，这份自强不应该被无限地放大，甚至成为驱策她变成铜墙铁壁的筹码。

事实上，那些有能力、肯付出、爬着都要往前走的女人，其实比那些弱不禁风、蜷缩在避风港里的女人，更需要理解和疼爱。

多少次不畏辛苦，其实是伪装的坚强；多少次淡淡一笑，其实吞下的是苦水。心里不舒服的时候，就一个人默默消化，时间久了，就被人误以为抗压能力超强，不会轻易受伤，是铁打的"女汉子"，不知疲惫地追逐梦想。

不久前，同为简书签约作者的宿雨写了一篇"面包我自己挣，爱情你给我了吗"的文章，我看了后感触很深，真的触动了我心弦。

文里有这么一段话：当一个女人说"面包我自己挣，你给我爱情就好"的时候，她是一个好姑娘；而当一个女人说"面包我自己挣，爱情你给我了吗"的时候，你真的不是一个好男人。

世间最糟糕的，不是我爱你，你却不爱我，而是我既没有得到物质，也没有享受到爱情。通常被辜负的，往往都是一些"坚定爱情信念，不求多金享受"的姑娘。

她懂得真情可贵，愿意为了生活去努力，从未想过坐享其成；能够自己做到的，极少会麻烦别人，也不会故作矫情。懂的人自会明白和珍惜她的这份好，而不懂的人却只沉浸在享受中，欣赏和赞美着她的踏实、能干、懂事，却看不到她付出背后的艰辛。

时间久了，努力的姑娘变成了"女战士"，甚至被架上了女强人的位置。好像她有铁打的身躯，她不会累，再大的压力也不会把她压垮。

不懂她的人，享受着一份难得的荣耀，因为在这个物欲横流的时代，他遇见了一个好姑娘，没有伸手跟他要过车子、房子、票子，没有歇斯底里地跟他吵闹，她一直在努力打拼，让人觉得生活充满希望。

可是，我好心疼这样的姑娘，有时甚至会想，女人太懂事是不是一种错呢？如果可以矫情点、娇柔点、自私点，是不是就能得到更多的怜惜与疼爱？是不是就可以不操那么多心，不受那么多苦？至少，当她们只是偶尔地付出一下时，会有人欣喜若狂，觉得很难得，而不是她本该如此。

长久的爱情和婚姻，都是讲究互惠的，不懂这个原则的人，就不懂爱。她没有要你的面包，靠着双手自己去赚，而你给她爱情了吗？你给她浪漫、体贴、温暖和安全感了么？如果也没有，那她为什么明明走不动了，还费力地往前爬呢？她满身伤痕，落在地上的血渍和泪痕，你又真的看到了吗？

女人能干不是错，女人懂事更不是错，最大的错是把这一切都当作理所当然，在她明明已经扛不住的时候，还觉得她能继续撑着。女人是水做的骨肉，生来就是柔软的，她靠不靠谁是一回事，可有的靠和没的靠却是另一回事。

如果有一天，你遇见了一个愿意自己去挣面包、努力为生活打拼、不拜金、不想攀附权贵的姑娘，请你好好地对待她。别相信她是什么女强人，她生来就有铁打的骨气，能抵挡住世间所有的风雨。独立自强是一种修养，也是爱的另一种形式，她只是更懂得分担与互惠。

多少在疲惫不堪的时候选择继续努力的姑娘，都只是因为得不到安全感，不得不咬牙踽踽独行。也许，她从未开口向你要过面包，但不代表她不希望你分她一块面包，也不代表她不希冀在疲惫的时候你用行动让她相信：累了就歇歇，天不会塌。

爱与珍惜，不在于说得多么动情，而在于切切实实做了什么。

　　这世间的女子，身心若有所依，谁愿颠沛流离？

　　相比娇柔怯懦的姑娘，那些看似心中有猛虎、努力生活的女人，其实更值得人去爱。当你主动帮她卸下那身厚厚的盔甲，替她摘下女强人的面具时，你会欣然发现，她最想做的事情，就是笑着去嗅一嗅墙角的那一株蔷薇。

别在失意的人面前，说你的得意事

　　静结婚后不久，爱人就因病住院了。一个对爱情、对婚姻充满着无限憧憬的年轻女孩，还未来得及享受丝毫的甜蜜，就被眼泪和担忧包围了。爱人病得很重，医生说很可能落下后遗症，导致左侧身躯不能动弹。恐惧之余，静心里更多的是自责。

　　恋爱的时候，静就听他说起过，经常会觉得头疼。她以为，他不过是工作累了，歇歇也就好了，没什么大碍，一直没陪他去医院检查。没想到，一步错，步步错，竟酿成了现在的苦果。她后悔莫及，新婚燕尔的甜蜜化成了一杯苦涩的水，她不知道自己是否真的有勇气咽下，去兑现婚礼上的誓言：不离不弃。

　　痛苦来袭时，静想给自己的心找个出口。她想到了倩，那个离她千里之外却一直被她视为知己的女子。她觉得，这些感受说与倩听，或许可以得到些许安慰。在她心里，倩是一个重情重义的女人，她希望从倩身上获取一些鼓励。

在网上，她把自己的经历跟倩说了，包括自己如何在医院跑前跑后地忙碌。她万万没想到，倩开口的第一句话竟然是："我最讨厌去医院，要是我，早就崩溃了。"

当静说到爱人的病情，和今后可能出现的糟糕情况时，倩说："也许我的话不好听，结婚前你怎么不带他去检查呢？这么大意……"静没有说什么，只觉得心寒。没想到，接下来更让静寒心的事情出现了。

倩现在未婚，正处于热恋的阶段。静说的这些事，她似乎根本没往心里去，也不知道此刻的静是多么难过，精神已经到了崩溃的边缘。倩没有给出一句安慰，泼了冷水之后，又大谈特谈自己的爱情：

"你就是活得太操心了，什么事都要靠你。我和他在一起，生活上不用我操心，他各方面能够帮到我，就像跑医院这样的事，我可做不来，我生病了都是他带我去。如果我是你，我现在恐怕都已经崩溃了，根本不知道怎么处理。我觉得，你比我坚强多了……"

静实在听不下去了，关掉了和倩的对话框。她怎么回味倩的话都觉得，对方是在看她的笑话，嘲笑她没有找到一个好的依靠，凡事都得靠自己。嘲笑之余，还有点幸灾乐祸，觉得她自己很幸运，遇到了一个身体健康、宠爱她的男人。

静突然很后悔，后悔向倩说自己的遭遇，她没有得到丝毫的安慰和宽解，反倒是给心里添了堵。那次聊天之后，倩在静心里的好感彻底消失了。她不再关注倩的任何消息，屏蔽了她的QQ，电话也拉进了黑名单。她实在无法容忍，在自己最心痛、最低落的时候，自认为知心的朋友会说出这样刺耳的话，竟还在自己的面前炫耀她的幸福。

K是个热心肠的姑娘，得知好友茜茜和老公炒股赔了不少钱，就想着约她出来散散心。周末，她打电话约了茜茜，还有其他两位朋友。吃饭的时候，气氛还是挺融洽的，谈谈哪儿开了新的餐厅，说说最近在用什么护肤品，都是女人间常聊的话题。

组织聚会之前，K也跟其他两位朋友说了茜茜的情况，提议见面时少谈跟钱有关的事。谁知，酒一下肚，爱炫耀的L小姐就忍不住说起了自己的老公，说他在单位里如鱼得水，最近有可能要升职。说话的时候，她那得意的神情，简直有点忘乎所以了。K一个劲地给L小姐使眼色，L小姐大概真是得意忘形了，根本没意识到自己说了不该说的话。

茜茜在一旁坐着，低头不语，一会儿去趟卫生间，一会儿又说打个电话。最后，她干脆找个借口提前走了。K连忙去追茜茜，茜茜的脸色很难看，说道："故意在我跟前显摆是吗？风水轮流转，我就不信了，太阳就只从你家门前过！"

人人都有得意的时候，也有能拿来炫耀显摆的地方，可若不懂得收敛，就会没朋友，亲情、友情的小船说翻就翻。别人正愁眉苦脸、心如死灰呢，你不懂安慰也就罢了，递上一罐啤酒，送上一个拥抱，总比趁机宣扬自己的得意之事要讨喜得多。

有些话，说错了时机，找错了人选，就成了显摆。分享没有错，但分享要看场合、看情况，别人的日子正遭遇着一场暴风雪，你却大谈特谈生活多么温暖甜蜜，是不是有点不近人情呢？

失意的人的心理就像脆弱的蛋壳，稍一碰触就会被击碎。人在情绪低落的时候，比平日里更容易多心，别人所说的每一句炫耀得意之事的话，在他听来都是充满嘲讽和讥笑的，他会觉得别人是在故意戏弄他，看他的笑话。

更糟糕的是，有时候，这种负面的情绪还会演变成忌恨，深植于内心。他不仅会疏远你，在你日后遇到麻烦的时候，就算能帮忙，他也未必会伸出援手。

在不会跳舞的人跟前谈论跳舞的话题不会让你显得多有素

养，反而让你显得更加无知；在失意的人跟前炫耀自己的得意，就算你是无心说的，也会招惹别人的忌恨。想要人缘好，开口之前就得记住，不管你说什么，都不要让人产生被比下去的感觉。

想做好一件事，先放下功利心

前几日，我与闺密谈到职业规划，她颇有感慨地说："我现在才知道，你当初跟我说的，做事不能有太强的功利心，究竟是什么意思。想起去年的这个时候，我的确是太功利了，以至于很多事情都看不清、看不透。"

闺密现在在一家公司做项目经理，正有辞职的打算。早先来这家公司，她是冲着策划文案的职位去的，但在一次小的意外事件后，她开始担任项目经理。从她接任这个职位开始，我已提醒过她，一定得想清楚，自己是不是真的喜欢这项工作。

她说，想做一些全新的尝试，也想替公司拓展业务。可通过之前发生的一些事和她对事件过程的描述，我已知道，那家公司的平台和领导者的行事作风，很难与她的个人志向达成一致。说白了是平台与个人理想难以达成共识，没有共同的企业文化作为理念，这样的关系是很难长久的。

果不其然，她在担任项目经理之后，状态就逐渐发生了变化。最明显的，当属对待工作和金钱的看法。记得那年夏天，她不止一次提到，项目提成的计算和分发方式，总把最终的几万块项目奖拿出来说。其实，她那时已经表现出了对这份工作的厌恶，坚持是为了有始有终地完成一届展览，还有一部分是为了奖金。

多赚一些钱，让付出有所回报，这是天经地义的事。毕竟，我们都在过着接地气的生活，说不要工资就只干活的人，不见得就是伟大的。但有一个观点，我始终不曾改变——做真正喜欢的事情，像匠人一样寻求手艺上的进步，全身心投入到所做的事情中，而不要被名利、金钱这些东西所干扰——你做得好了，那些东西都是附加值，会随之而来。

那几个月，闺密的内心应该是有犹豫的。当她与我谈论起自由撰稿人的工作和月薪时，直言不讳地说："按咱们现在的情况来说，月收入XX元不算高。"

我忘记有没有同她讲过，那一刻，我突然觉得她好陌生。从前的她不是这样的，但那个唯利是图、不讲任何格局的环境，着实把她变成了一个功利心十足的姑娘。我问她："难道一件事情的价值，就只能用金钱来衡量吗？"她想了想，说："倒也是。"

偶尔理念上的不同，并未影响我们的友谊。前些日子再聚，时间已过去一年了，期间发生了不少事，而她似乎也对自己的职业方向有了清晰的认识。同时，我跟她提及有一个项目将来想与她合作，结果我们不谋而合，真的都有此打算。

她说，真的热爱一件事，才会发自内心想把它做好。

是的，当一件事情达到了最好的状态时，所有的附加值都会跟着它提高。这几年来，我在生活和工作中的经历和所见，都在证实着这一点。

昨天夜里，小伙伴以北找我，说后台有人找他来做运营了，有长期聘他做兼职的意向。

说实话，我真心替他高兴。我的公众号自运营到现在，似乎也有半年多的时间了，若没有以北的帮忙，我可能真的没有心力去定时编辑、推送，而他完全是出于义务帮我，在刚开通原创功能时，他为了设置格式，忙到凌晨一点多。我知道，他很喜欢录音频，以前都是在喜马拉雅FM和荔枝FM播放，后来，我想干脆让他在我的公众号里做，不仅仅是播我的文章，就像做他自己的公众号一样，喜欢什么就读什么。

我相信，磁场有共振的人，无须用太多的言语解释。我们之

间的合作，就这样开始了。期间，他也曾因为公众号掉粉的问题
紧张过，但我跟他说："不管有没有人关注，我都会写下去。因
为，我喜欢这件事，从来都不是带着功利之心去写的。只要你喜
欢读，那就去做吧，坚持下去，总会有好的结果。"

他每篇文章都读得很用心，虽然偶尔也会遭到一些小伙伴的
抨击，但他一直继续着。不久前，他想做一份兼职，但后来因为
某些原因未能达成。前天，突然有人找到他，请他做公众号的运
营，他帮忙做到了夜里三点，对方为了感谢他，转给了他500块
钱。以北很惊讶，着实没有想到。

我告诉他，这是他应得的，也值这么多钱。虽然会做后台运
营的人很多，但这份态度却是难能可贵的。多少人在未曾做事之
前，就在强调金钱和收益，而不是以自己的态度和能力告诉对
方，自己究竟有多大的价值。

相信对方也被以北打动了，然后将公司的后台运营全部交给
他，按月薪给他算。虽然价钱不算太高，但得到认可、受人赏
识、收获惊喜的感觉，是金钱买不来的。

选择做一件事，就得秉承一份匠人的态度，这也是我给自己
定的标准。每次谈合作，都会涉及钱的话题，我总是先拿出自认
为还算满意的内容给对方，才会去谈价格。有时，初次价格会低

一些，可我若真心喜欢那个选题，我也会做。因为我相信，感兴趣才能写好，写好了自然会有人买单，至少合作者会看到你的水平。往往到了下一次，不用自己开口，收入也会比绞尽脑汁一心只想多拿钱的人要多得多。

这个世界处处都散发着功利的气息，可越是活在混乱、焦躁的环境，越得守住自己的心。我们是得努力，但不是急功近利，在多少人为了钱趋之若鹜的时候，我更愿意像匠人一样专注地做点事情，不带任何功利心。

我不想做陶渊明，也没有逃离世事的打算。我只想在这个功利的世界里好好地活着，成功地活着，这才是我的心里话。可我也知道，饭得一口一口吃，路得一步步走，站不稳就想跑，必会摔跟头。

回报这个东西，其实是公平的，你做了多少，就算短期内别人没看见，可日久天长，你自己的转变和提升是有目共睹的。

当你真正地意识到，现在所做的一切都是在给将来的自己积淀资本，那就没什么可抱怨的了——因为你正走在不断变强的路上。

生活需要冲，但更需要缓冲

2016年春节前夕，恰好是我最忙的日子。当时我手里有稿子，急着在赶进度，为了早日开通原创公众号，每天还要挤出时间来更新文章。小伙伴以北那段时间一直帮我做运营，可即便多了一个帮手，我依然要到凌晨一两点才能睡去，早上六点多还得强打起精神，继续码字。

那一个月，仅仅是速溶咖啡，我都喝掉了五六盒。

天道酬勤，春节后不久，我创立的公众号收到了开通原创保护的邀请，欣喜之余，我也开始投入到新一年的工作中。从那段时间起，我放慢了更新文章的速度，基本上都是两天推送一回，期间是以北在推送音频。现在，以北的业余时间都在学习，音频偶尔才能推送，而我的更文频率依旧是隔天一次。

是不是开通了原创保护就犯懒了？如果我说不是，你信不信？

坦白说，若是非要一天推送一篇，也不是不能做到，只是在工作占据了大量精力的同时，完成这件事需要牺牲更多的睡眠时间，熬夜到更晚。

我不愿意这样生活。

至于为什么，我想聊聊几年前的经历。

2011春天，我在公司做策划。那会儿，公司的人员加起来有十七八个，多半都是文字编辑，只有我一个专职策划。我每个月的工作量很大，基本上每天都在做选题目录、构思框架、提炼文字，很耗费脑力。

我的生活里没有上下班的概念，几乎时时刻刻都跟工作绑在一起，从早上坐在办公室的那一刻开始，直到深夜，都在思考工作的事。当时我的脑子不听使唤、停不下来，睡眠质量极差，经常到两三点还睡不着。

偶尔，我会到运河边散步。你知道躺在木头椅子上，看着天上的星星，盼望着时间凝固，第二天的太阳不再升起，是什么感觉吗？我现在回想起来，那应该是抑郁症患者才有的想法，但当时的自己，真的到了那种程度。

我向老板提出了休假，但公司事情太多，休假的计划被一拖再拖。后来，我总算是如愿请下了一周的假。我先去看了中医，开了一个疗程的药，医生告知，我的很多问题都是心里的郁结所致，脏腑功能紊乱，需要调理。

我带着中药去青岛散心，上班时一直很期待旅行，可真坐在高铁上却忍不住想掉眼泪……我说不清楚究竟是怎么回事，就是开心不起来。

假期结束后，我重新回到工作中。我的情况有一些好转，但心绪依旧不稳定，工作对我来说不再像最初时那么快乐了，甚至是一种负担。我不是厌恶工作本身，只是隐约感觉到，大脑和内心跟不上身体的节奏了。

这样的状况大概持续了一年，期间我看过两次中医，试着靠运动调理，效果不大。看着我日渐萎靡的状况，闺密劝我"停下来"，而我还在死扛，声称没事。

直到2012年秋，我可能已经抵达了极限，在办公室里坐着，已经无法集中精力做事了，满心满脑想的就只是逃离。

我独自坐在房间里想，到底是哪儿出了问题？不喜欢这份工作吗？人际关系不好吗？好像都不是。公司的氛围很好，老板待我更是不薄。想到最后，我才明白：是我跑得太快了、太拼了，三年来一直在不断地输出，榨干了从前积攒的所有东西——我的头脑空了，我的灵感枯竭了，它们都在提醒我：必须停下来了！

也许你会骂我，都是自找的，没有谁逼你。

是没有人逼迫我，只是刚毕业那两年，我经历了一段很穷、很苦的日子，内心的不安全感迫使着我去努力，去改变生活的境遇。我拼命地往前冲，不知疲倦，不顾感受，再不想过从前的日子。所以，我像是对待机器一样对待自己，时刻不允许自己放松，脑子里的那根弦，始终绷得紧紧的。

在我的潜意识里，我总觉得停下来就会输，生活就会变得糟糕；我错误地以为，一切都是情绪在作怪，心态调整好了，什么问题都能解决。然而，当我继续拖着疲惫的身躯往前冲时，我才发现，问题变得更糟了，有些东西已经不是意志力能解决的了。

深思过后，我辞职了。

放下工作，我休整了一个月的时间，什么都没做，每天就是按时吃饭、睡觉，闲暇时看看电视，到小区附近散步。到了年底，我收拾了行囊，回到家中，结束了漂泊的租房生涯。我开始慢慢地投入到学习中，哪怕只是碎片化地吸收知识，也让我觉得踏实。

渐渐地，我找回了久违的平静。2013年春，我一个人去了云南，那次旅行，比起此前的青岛之旅感觉好了许多。倒不是云南的风光更美，真正的转变在人心——想依靠旅行改变心里的感受是不太可能的，唯有从内改变，才能真的涅槃重生。

那段经历给我敲响了警钟，时刻提醒着我：要努力，也要爱自己。

自那以后，我很少熬夜，也尽量控制情绪，每天坚持阅读，哪怕只是一两篇文章。写作方面，我不再着急忙慌，尽量做到定时定量，忙而有序。实在不得已需要熬夜，我也会在饮食上调整，同时借助其他方式缓和自己的焦虑。

三年来，我明显感觉到自己的变化，蜡黄、灰暗的脸变得透亮了，这可不是雅诗兰黛和迪奥能做到的，是相由心生的结果。我的工作依旧排得很满，几乎全年无休，但我尽量把时间安排得有序，保证工作的进度，也保证生活的质量，顾及身体的状况。

说真的，我不是一个安于现状的人，内心涌动的梦想像一股无声的力量，促使着我不断地努力，奋力地前行。人生这段路，我一直用拼的态度在走，可有了过往的那段经历，我也明白了一个道理：生活需要冲，更需要缓冲。停下来不是输，放慢速度也不一定会落伍，你必须掌控好身心的平衡，才能做一个长久的赢家。

缓冲的意义，在于汲取更多的养料，让输入和输出的天秤保持平衡，甚至要让输入多于输出，因为酝酿和发酵都是需要时间的。不少朋友跟我讲，很想把自己的感悟都写出来，可文笔却不能令自己满意。

我真的想说——急不得。写字从来都不是一日之功，在写字之前或是写字的过程中，需要大量的积累、思考、感悟、练习，这些都需要时间。文笔再好的作者，让他不读书、不经世事、不思考，也写不出打动人的东西。

前不久，简书网出了一本合集，名字就叫《你一定要努力，但千万别着急》。我觉得，此处借用这句话再合适不过了——我们不能一味地盯着目标，火急火燎地往前跑。

人生是一场马拉松，真正的赢家不是速度最快的人，而是稳步前行、耐力最久的人。该缓冲的时候，就得放慢速度，给身体一点时间，让能量慢慢地补充上来，以便跑得更远。

未来的日子，愿你我都能安心、笃定地生活，不疾不徐地靠近梦想。

Imperfection
can be wonderful.

第七章

疗愈过去的伤痛，
过你热爱的生活

不完美 也可以 很美好

所有的傲慢，都是自卑的补偿

M小姐在公司里已是元老级的人物了，从一个羞涩腼腆、不谙世事的小文员，一路披荆斩棘，坐上了行政主管的位子。如今，她不再是别人口中的"那个谁"，她是个做事干净利索的职场达人。

往事不堪回首，M小姐和所有年轻人一样，也经历过难熬的"蘑菇期"，也曾因为自己是新员工而被人呼来唤去。不过，那都是过去式了，现在的她工作能力有目共睹，大大小小的事总能办得很漂亮。所以，站在人前的她，总有一股子傲慢劲儿。

对刚毕业的年轻下属，她百般怀疑和挑剔，说什么"嘴上无毛，办事不牢"；对和自己资历差不多的人，她觉得对方能力不济、态度不佳，做事效果自然大打折扣；对那些身份地位比自己高的人，她又心生妒忌，尽可能地给对方找缺点、挑毛病。

M小姐还有很多讲究：办公室要一尘不染，如果哪个下属边啃面包边做事，那么被她撞见肯定是一顿批评；谁在办公室里高声打电话，得到的肯定是她的白眼。对于工作的要求就更不用说了，若是文件里出现一个错字，她肯定会让你返工。

遭到批评时，下属们都老老实实地像小学生一样闷声不语，可私底下却无奈地相互慰藉，说活该倒霉，摊上了这么一位"女魔头"。

真实的M小姐，到底是不是一个不可理喻的人呢？

真的不是。出生于小城镇的她，高考时以全县第一的成绩考入了某大学，从闭塞的小镇到繁华都市求学，她的内心有过很多挣扎的经历。刚上大学时，她不懂计算机，因为老家的中学条件没那么好，看着周围的人都在讨论上什么网站，聊QQ、MSN的时候，她一句话也不敢插，因为怕露怯。若有同学问起，她便故作轻松地说："我很少上网，不怎么喜欢玩电脑。"然后，她私下里拼命学习，以防别人发现她的"缺陷"。

大学毕业后，她应聘到现在的公司。不得不说，来这家公司之前，她在网上查了公司的介绍，得知它实力雄厚，对员工要求很高，竞争激烈，她的心里忐忑不安。面试通过后，她进入公司上班，担任行政部普通文员一职。

大公司行政部的工作繁忙，初出茅庐的她不熟悉工作流程，和周围的人也不认识，一切都像刚上大学时那样，从零开始。她骨子里不服输，对自己要求严格，也讨厌被人批评，所以不管多么辛苦，她都尽量把每项任务做到无可挑剔。久而久之，她在部门里成了主管最得力的助手，再后来，主管获得了晋升，她便坐上了主管的位子。

如今的她，在职场找到了自己的位子，在大城市里有了一块立足地，可她内心从来没有真正平衡过。她努力表现自己，为的是不让别人看出自己的紧张和焦虑；她表现得那么傲慢，其实是怕别人看不起自己；她要求完美、苛刻，很多时候也是害怕暴露自己的不足。

M小姐的种种表现，不禁让我想起多年前一部热播的台湾偶像剧《放羊的星星》，里面的女二号欧雅若是珠宝公司的设计总监，有才能，有容貌，父亲是南极科学家，尽管为人刻薄傲慢，做了很多不利于女主角的事，但在很多不知情的人眼里，她仍然不失为一个有魅力的女人。可临近剧终时，一个可怕的真相被揭开，欧雅若根本不是出身名门，她做的很多"坏事"，都是在极力掩盖一个让她感到自卑的事实：她是杀人犯的女儿。

一个内心平静而自信的人，是不会在意别人对自己的评价的，即便遇到别人真正的嘲讽和恶意，他表现出来的也是一笑置之的雅量，轻描淡写的从容。他很清楚，言语上的反攻并不会引起任何的正面效应，就像卡耐基说的：“每一次的批评和抱怨，都是家养的鸽子，迟早有一天会飞回到自己头上来。”

亦舒说过：“真正有气质的淑女，从不炫耀她所拥有的一切，她不告诉人她读过什么书，去过什么地方，有多少件衣服，买过什么珠宝，因为她没有自卑感。”

炫耀是内心的缺失，傲慢是自卑的补偿。

因为担心别人看不起自己，所以要端起那个架子来。倘若心里没有那种自卑感，那自然也不用刻意营造出一种“我比别人强”的姿态，他会很自然，你看得起我或者看不起我，都没关系——我就是这样。

若是真想要在人前展现自己的美好，先除去内心的自卑吧！收起防御自卑的傲慢，向大自然里的“老师”们学学——“虚心竹有低头叶，傲骨梅无仰面花。”

多少遗憾，都是来不及好好道别

《少年派的奇幻漂流》里说："人生到头来就是不断地放下，但遗憾的是，我们却来不及好好道别。"

马航MH370的失踪闹得满世界沸沸扬扬时，许久未冒泡的大学室友婷姐在群里发了一条消息："我的同事一家三口都在飞机上，俩人带着一个三岁的小女孩……"

我没有回复，在屏幕前愣了半天。我一直都以为，这种震撼世界的事情，永远只存在于《新闻联播》里，却没想到世界竟然这么小，小到如此可怕的事会跟身边的人扯上关系。

婷姐在北京西城区的一家邮局上班，出事的同事是单位里的双职工，休假到马来西亚玩。婷姐说，自从得知马航失事的消息后，她和邮局的其他同事每天都在关注消息，真希望赶紧找到飞机，希望人都还在。

我想，换作任何人，大概都会有这样的期待，虽然内心也知道成真的概率不大，但希望总还能带给人一丝慰藉。

时隔很久后，婷姐见面跟我说起这件事："好好的人，说失踪就失踪了，我都不敢相信是真的。之前还因为一点鸡毛蒜皮的事跟她吵过，早知道这样，我就不跟她计较了，弄得自己心里特别扭……"

不是所有的事情都有机会道歉，也不是所有的错误都能得到原谅。有时候，我们就只是少说了一句"对不起"，却只能阴差阳错地把它在心里搁置一辈子，内疚一辈子。

每次有人邀请我为其庆生时，我内心都很排斥。算起来，我大概有18年的时间没有给自己过过生日了，甚至不愿提起生日。至今，我依然过不了那个坎儿，但总算能够鼓起勇气说出为什么了。

18年前，我和哥哥都在读小学。那天中午，哥哥打算买一盒新的彩笔，我跟他一起去了商店。买了彩笔后，没想到他从我的书包里拿走了那盒旧的，把新的塞给了我，冲我笑了下，然后就跑进了学校。至今，我还记得他那天的笑，特别灿烂，一双乌黑的眼睛，闪闪发亮。

我知道他为什么把新彩笔给我，因为那天是我生日。

我记得特清楚，那天是星期四，放学时刮着四五级的大风。我跟一个伙伴先回了家，爸妈上班还没回来，奶奶过来看我，顺带帮忙做晚饭。大概过了半小时，一个男人在我家门口喊，奶奶出去了，回来告诉我："别乱跑，家里有点事儿……"

我不知道发生了什么事，但是很快，家里就来了一群人。爸妈也回来了，哭得一塌糊涂，是我没见过的样子，现在想想还觉得剜心。晚上，我在小房间里看见了哥哥的书包，上面沾着血。最外面的小包里，还放着那盒旧的彩笔。

哥哥在回家的路上，出了车祸。

后来我听说，哥哥被肇事司机送到二级医院，后来被转到天坛医院，情况是脑颅骨粉碎性骨折。也许是因为我太小，家里人不知道如何向我解释"死亡"这件事，亲戚跟我说："你哥病得厉害，就算是看好了，也可能会成植物人。"

我嘴里吃着一口饭，眼泪噼里啪啦地往下掉。其实，我什么都知道，我只是装作信了。

这近20年里，我在梦里见到过哥哥很多次。他还是当时的样子，脸上的笑也没变，而我总是拉着他的手说："你总算回来了，你知道我们多着急吗？我们都以为你不在了……""你不要再走了，妈都快急疯了……"

梦里的我是笑着的，可笑着笑着我却感觉有点凉，其实是我哭了。

如果我知道那天中午是我和哥的最后一别，我能做的，也许就是把那盒新的彩笔留给他。然后，多看看他的脸，让所有的吵闹争执都消失，说有你陪我度过的那些年，我不孤单。可是，我怎么会知道，他那一笑之后，竟然就与我生死相隔了呢？

生活充满了未知，也充满了无奈。有些人在我们的生命里，就像匆匆而过的路人，只留下背影和回忆，便毫无征兆地离开了。所有的经历，犹如电光火石一般，你甚至来不及去想到底发生了什么，就要面对生离死别。

那些人，我们无处告别，无法再见。

哥，但愿下辈子我们还能做兄妹，把这一生欠下的几十年补上，好吗？

寒衣节将至，我会为你带一束花的，且安。

菁是我的高中同学，毕业后各奔东西，多年未见。

我对她的印象，已经有些模糊，只记得那是一个内向的姑娘，不善言谈，笑的时候会露出两个浅浅的酒窝。据说，大学毕业后她交了一个男朋友，到了谈婚论嫁的地步时，却遭到了她父母的强烈反对。最严重的时候，菁的父母干脆把她锁在家里，没收手机，断开网络，不让她去上班，逼着她跟那个男生分手。

大概是"罗密欧与朱丽叶效应"吧，外界越是百般阻挠，她越坚定信念要跟他在一起。结果，父亲甩出了狠话："要是非跟他好，就别再回家。"平日里柔弱的菁，不知哪里来的勇气，就真的跟父母断了联系。

婚礼当天，菁的父母没有出席，她含着眼泪完成了典礼。尽管有亲友的陪伴，但少了父母祝福的婚姻，终究不是那么圆满。婚后，菁也回去过，但倔强的父亲不让她进家门。闹过那么几次后，为了不让丈夫为难，她也就没再回去。一别，就是两年多。

再见到母亲时，是在医院的病房里。她哭得像个泪人，因为丈夫突发脑溢血，做了两次开颅手术，却依然昏迷不醒。母亲抱着她，说她命苦，她却安慰母亲说："我没事，他比我更苦。"

丈夫昏迷了整整两个月，而她也在痛苦中煎熬了两个月。尽管丈夫恢复了意识，但身体落下了瘫痪，根本无法行走。柔弱的她当年嫁过来的时候，他就一贫如洗，生了这场病，更是欠下了近30万的外债。柔弱的她扛起了养家的重任，那份艰辛旁人看了都觉得心疼，原本就不胖的她，体重竟然连90斤都不到了。

　　这场波澜尚未平息，又一个噩耗传到菁的耳边：父亲生了重病，进了ICU病房。

　　母亲、哥哥、姑姑都在医院，她进去看了一眼父亲，父亲比以前老了许多，白头发也多了。她忍着不让自己哭出声来，使劲咬着嘴唇，以至于身体都开始颤抖。走出ICU病房，她哭得失了声，有对父亲的心疼，但更多的是自责和悔恨。

　　果然，父亲还是没能挺过去，在住院的第三天，静静地离开了。在父亲的灵前，她已无言。是啊，还能说什么呢？她现在的日子，艰难得无法言表，倘若当初顺了父亲的意，结局会不会不一样？可是，人生就是一场单程的旅途，过了就无法回头了，再痛、再伤、再悔，也只得硬着头皮走下去。

　　不久前，我听说菁姑娘离婚了。这多像是一场发生在电影里的闹剧，可生活其实永远比电影更真实，也更残酷。在爱情面前，菁牺牲了亲情；失去了亲情后，才发现爱情也未能抵抗住现实的摧残。然而，失去的，永远都失去了，再也找不回来……

　　我曾以为，所有的事情都会有一个清晰的结果，至少会有一个确切的原因。可当经历了种种，目睹了种种之后，我才明白，很多事情在落幕的时候是没有节点的，更不可能像电影一样在结束时打出一个"剧终"的字样。

生命中太多的遗憾，都是来不及好好道别。若是能有一次道别的机会，哪怕下一秒就要分开，至少还可以把肺腑之言掏出来，把叮咛留给所爱的人，把一句"对不起"送给辜负过的人。

此时此刻，我们依然不会知道，明天和意外究竟哪一个先到来。也许，我们唯一能做的，就是深深感谢与我们相遇的所有人，温柔地去对待我们所爱的人，少说狠话，多去珍惜。

未来的日子里，愿我们都能与身边的人——"且以情深共白首"。

对你发脾气，是因为我的伤痛未曾治愈

半年前，闺密在去新疆的路上给我发消息，说那是一条风景还不错的路，只是思念的人不在身边，风景越美越觉心伤。

此刻的我，能明白她的感受，可在当时，我很遗憾没有给予她一份同理心。

她沉浸在痛苦中，已不是一两天，反复纠结在没有答案的循环中。我安慰她，极力希望她能放空，去感受在路上的点滴。

可是，我错了。我说了一句话："你若不想上来，没有人能拉你。"

就是这句话，激怒了她。

我已经想不起当时她给我的回复，只觉得自己也挨了深深的一刀，许久未愈。

这件事过后，我们很长时间都没再联系。不是记仇，只是各自的情绪都未曾平复。

直到那天，我听到一篇祈祷文，忽然领悟到一个事实：当你想去结束一个人的痛苦时，你不是真的想帮他，怨恨他的固执，而是你迫不及待地想要结束自己的痛苦。

有时，他人就是自己的一面镜子，外界的一切，也不过是内心的投射。

回想那段时间，是我情绪最起伏不定的阶段，我厌恶的不是听不进劝慰、郁郁寡欢的她，而是饱受煎熬、用任何方式都难以抚慰的自己。

对她发脾气，看似情绪的出口是针对眼前的她，其实，那不过是一种错觉。所有的怀疑，所有的不信任，所有的歇斯底里，不过是因为自己内心的伤痛未曾得到治愈。

沉寂了两个月，我努力调适自己的心情，心境总算是步入正轨。之后，我做的第一件事，就是给闺密发消息，说一声"对不起"。

我说："现在想来，你当时需要的不是什么安慰，只是静静地聆听，那才是我应该给你的。可是，我没有做到陪伴，很抱歉。"

时过境迁，情绪消融。她也恢复了我熟悉的模样，言谈举止和彼时判若两人。

幸好，我们都是懂得的人，明白真正的问题并不在于那一刻愤怒的情绪，而是藏在愤怒背后未曾疗愈的伤口。

而今想起，庆幸之余也有感叹：人生有多少次这样的机会，能在争吵过后抹掉嫌隙，让彼此的关系依旧如初？想必多少失去和懊悔不已，都是从这儿开始的吧！

情绪控制是考验一个人情商的标尺，为此我做过很多努力。可越是压制，越觉得痛苦，到最后还是忍不住爆发。到现在我才发觉，坏情绪是不能强行压制的，你必须学会与它相处，才能彻底地平复。至于怎样相处，就是找出它的根源，那个真正引发你痛苦的症结是什么？

我很讨厌"胖"这个字眼，最难忍受别人当着我的面提醒我说："你胖了。"

无论是好心提醒还是善意嘲讽，我都想以牙还牙地攻击。这样的事，我以前也真的做过，丝毫没有给对方留面子。当然，事后我很自责，于情面于修养，都觉得自己不该那样说话。

我是真的很在意他人的眼光么？似乎也不是。当我冷静下来，跟这种感觉共处时，才突然意识到，真正惹怒我的不是那个"胖"字，是内心深处对自己"明知道胖，却还不肯改变"的行为的愤怒!

实际上，我讨厌的不是别人的嘴巴，而是那个不够自律的自己。

当我看穿了事实，便开始调整饮食，加强运动。效果一两天是看不到的，可当自己投入到一种全新的、喜欢的生活方式里时，情绪也变得平和了。就算有人再说自己"胖"，也不是那么在意了。因为我内心知道，生活掌控在自己手里，无论能不能做成这件事，至少此时此刻的我是被自己认可的、喜欢的。

这也印证了一个事实：一切关系都是自己跟自己的关系，与人相处就是与自己的坏情绪相处，而坏情绪就是那些残留在心底、让我们不愿承认和接纳的、未曾治愈的伤痕。

控制情绪的根本，在于改变一种思维模式和行为模式，而这并不容易。情绪的出现是人的本能，不可能消失，当它萌生的那一刻，大脑一定会最先提供最常用的解决路径，或是愤怒，或是绝望，让你沿着它的方向走。这样做了，我们就成了坏情绪的奴隶。

其实，当坏情绪出现时，我们不妨先试着去接受那个有坏情绪的自己，让自己慢慢地平静下来。冷静之后，再找出真正引发坏情绪的深层原因。对，是深层原因，而不是他人的某一句话、某一个行为，那不是问题的关键。

要把关注点放在自己的性格或心理上，去觉察自己平时未注意到的一些弱点，给自己一些安抚和接纳。要坚信——虽然这样的自己并不完美，但自己值得被爱，也具备改变的能力！

你对了，世界就对了。

请允许我做一次你的"母亲"

嗨，那个梳着齐耳短发的女孩，今天是我第一次跟你聊天。说实话，我比你还要紧张。

知道吗？这一年来，你孤独地坐在窗前的样子，总是反复地出现在我脑海里。我真的很想伸出手去抱抱你，可是，好几次都觉得心有余力不足，那感觉就像被桎梏在一个樊笼里，看起来触手可及，但无论我怎么努力伸手，都触碰不到你。

我只是看见你一个人在窗前孤单地坐着。这么久以来，你从未扭过头看我，我不知道你是什么表情，你可能在哭，但更多的时候，你只是望着远方，希冀着有人能带你离开那片荒凉之地。

让我想想，画面中的你有多大？

噢，好像是十岁的样子，肩膀看起来还很稚嫩，也很纤瘦，头发有些黄。你抱着一个旧了的玩偶，身边蹲着一只狗，望着窗外。窗外是漆黑的，闪烁着几颗星星，光很微弱。

我听说，你在十岁之前过得还蛮开心的。直到后来，家里发生了变故。骤然间，你从一个安全的堡垒跌落到一个狼藉的战场，那里有鲜血，有眼泪，有争吵，有恐惧……你生平第一次知道，死亡离人很近，生活随时都会有意外发生。

你小心翼翼地活着，不，应该说是战战兢兢。发生意外那天，刚好是你的生日，可是身边的人都沉浸在痛苦中，那一天成了父母最讨厌的日子。他们大概也无心去想，你在等着有人对自己说一句"生日快乐"。

来年生日那天，你以为一切都能烟消云散，童言无忌的你冒出一句"我要过生日了"，可等待你的却是一句"过什么生日"。

你愣住了，没有哭，但心里却明白了一件事：有些要求自己是不能提的，有些东西自己是不应该得到的。你应该做的，是陪着父母一起痛苦，任何时候都不能忘。

你变得越来越懂事，永远那么善解人意，不给亲人、朋友制造麻烦，循规蹈矩地生活着。哪怕是工作以后，你也在压抑内心真实的感受，包括身体上的不适。你觉得，不能亏欠和怠慢身边的任何一个人，要理解每一个人的痛苦和不易，唯独忘记了自己。

比起一些人，你是不幸的。是啊，美妙的童年、青涩的少女时代，对你而言，那些不过都是一个字——痛。可比起一些人，你又是幸运的，虽然一步一踉跄地走着，好在没有堕入无底的深渊，反而长成了一个受人喜爱的好姑娘。

两次重要的考试，你都失利了。身边的人都替你可惜，论实力，你本可以去更好的学校。我想，也许是你潜意识里不允许你离开家，不允许你变得更好，你鬼使神差地放弃了自己能去的重点高中，而以高分上了一所不喜欢的普通中学——离家只有十分钟的路程，你可以方便地回那个让你并不开心的家。

人生中的很多事看似偶然，实则许久之前就已经为那一刻埋下了种子；有多少选择看似随意，实则是当时的自己所能做出的唯一选择。

你怨恨过父亲，认为他自私，不关心你和母亲，没有表现出一个父亲该有的样子，至少是你心目中认为的"好父亲"的样子；你也埋怨过妈妈，认为她软弱，总是逆来顺受，不能果敢地做出抉择。

你更怨恨他们让你夹在中间，左右为难，左撕右扯都是痛。

你的身边出现过不少优秀的男孩，也曾有人向你抛出爱情的橄榄枝。然而，面对那些优秀的追求者，你总是逃得远远的，内心深处似乎总有一个声音在提醒你：总有一天，他会发现你的缺点，然后离开你。

呵，然后呢？那个曾经告诉你，别把自己当成"灰姑娘"的男孩结婚时，你很想送出一份祝福，打了一连串的字，可最后还是按下了删除键。

这么多年，你就活在这样的模式里，反反复复。生活中有一点点的温暖，都能让你感觉置身于天堂，但多数时候，那都是虚假的安全。真实的你，一直孤零零地坐在窗前，望着无际的黑夜，寻找着光亮。

等了那么多年，哭了那么多次，失望了那么久，你看起来好疲倦。你还在硬撑着，孤独地坐在那里。

终于，我发现了你，并开始探寻你的经历。我几次落泪，几次悸动，却还是没有想好要如何跟你交谈。

这一刻，我忍不住了，鼓起勇气把你拥在我的怀里。女孩，我有很多心里话想跟你说，给我一个机会，好吗？

生而为人，谁都不易，无论是父母还是孩子，每个人都有自己的伤痛。

父母不是万能的神，他们不过是普通的凡人，有许多瑕疵和缺点，有无法突破的局限，也有时代和经历造成的创伤和痛苦，也许是贫穷，也许是痛苦，也许是离别……

此番种种，带给了你深深的伤害。但我希望你明白，那是他们在那一刻能够做的最大的努力，他们在用自以为最好的方式待你，却无法预料那些做法会带给你什么。

那时的你还小，渴望父母能够改变，给予你想要的爱。很可惜，他们让你失望了。现在，你若再要求他们懂得爱，重新以你想要的方式再爱你一次，也许，你会再次失望和受伤。

现在，你已经长大了，再不是那个无力扭转现状的孩子了。所以，你还有其他的选择。成长，就是放下对他人的理想期待，不再寻找、等待和依赖，学会爱自己，肯定自己，关心自己，安慰自己。

你要学会对发生在自己身上一切负责，而不是把所有的问题归咎于外界。生命是属于你的，你有权利也有能力决定让它成长为你想要的样子。

我知道，过去很多年，你一直为自己做出的错误决定，甚至是一些影响现在的行为，感到深深的悔恨和自责。亲爱的，听我说，别那么苛责自己。在那样的境遇里长大，能够长成你现在的样子，你已经很棒了。勇敢地接受那些已经发生的事情，无论好与不好，都是成长的必经之路。

相信我，即便退回到曾经的某一刻，你依然会做出同样的选择，除非在此之前又发生了什么，让根植于你内心的失落感彻底消融了。

别责备自己，人生不存在什么太早和太晚，一切都刚刚好。

过去发生的事情，已经无法改变了，但我们还有很长的路要走，我们还有改变的可能。

今天，又是你的生日了，有没有感觉好一点？未来的日子，多给我一点时间，让我做一次你的"母亲"，重新给你一次成长的机会。我会好好地陪伴你，关心你，倾听你，理解你，帮你找到力量去疗愈自己，修复生命旅程中留下的大大小小的伤口。

别追问为什么，因为，你是我"内在的小孩"，而我，是"长大后的你"……

我脱下盔甲，用软肋拥抱你

每个人都有软肋，那是不想被人窥视到的角落，除非有一天，你愿意脱下所有的盔甲，允许某个人进入你的世界，看见那一根根柔软的肋骨——它们或许带着伤，或许藏着故事，或许刻着某个人的名字。

国庆节期间，我的"路怒症"发作了。

想起来，我已经很久没有犯过这个毛病了，至少没有那么激烈地爆过粗口。对自己的行为，我感到挺羞愧的，毕竟不是什么文雅的事，特别是还当着朋友 V 的面，觉得自己不该失控，那根本不像平日里的我。

和 V 分别后，我心里焦灼不安，不断地想起在车上的画面，想起那个疯狂而陌生的另一个自己，心想：你可真给我丢份儿啊！怎么突然就变成了另一个人呢？是精神分裂么？

一直以来，我都把自己"包裹"得很好，若非在很熟悉、很亲近的人跟前，情绪是绝对受控的，真实的个性也还算平和。可是那天，我真的说不清是怎么回事，突然就爆发了，好像内心所有的情绪都转移到了那个故意加塞、险些让我撞上左侧车道汽车的那辆小货车身上。

我的心一直是清醒的，知道那辆小货车只是一个导火索，不是我暴躁情绪的根源，可我说不清楚那种愤怒是从哪儿来的。总之，我当着V的面露出了自己身上反常的、恶劣的、不美好的一面。

她安慰我说，不要紧的，换作是她，也许会比我还凶，可这些话抚慰不了我难过的心。有些事情，别人可以原谅你，自己却很难接纳自己。

现在想来，我无法放下的原因，恰恰是我在V的面前暴露了自己的软肋，那就是——我并不如她想象中那么美好，我会情绪化，也会歇斯底里，还会有缺乏修养的时候。

其实，关于"路怒症"，我已经犯过不止一次了。记得有一回，奶奶坐我的车时，我也情绪失控了，连她都惊讶我怎么会变成那样。

这次"犯病"后，我在朋友圈发了一条感慨，问还有救吗？熟悉的朋友都说"没救"；不太熟悉的说"找个专职司机带着你"。而在心理试听课上仅有一面之缘的医生姐姐，第二天清晨给我分享了一篇文章，告诉我——这真的是病。

听过了调侃，看过了文章，我还是解不开这个症结。直到跟一位心理咨询师聊天，无意间谈起这件事，她的话突然点醒了我，我才猛地想到，真正让我变得狂躁的不是那些乱窜的车，而是这样的情景激活了我潜意识里的一些创伤性回忆。

很多时候，患者为了避免再次触发创伤性回忆，会在此后尽力避免与创伤性经历有关的事物接触，且没有一个受害人会有叙事式回忆。即使在最痛苦，也是最有可能寻求治疗性接触的时候，也依然有一半以上的当事人不会去讲述与创伤性事件有关的事。

这也是为什么"路怒症"困扰了我好几年。此时此刻，我真的很感谢那位心理老师，她让我更深入地认识了自己，也接纳了自己。

V当时自然不知道这些，可她没有嫌弃我，也没有责备我，而是怀着理解的心接纳了我。

其实，这不是我第一次在V面前露出软肋了。数日前的一个深夜，我和V在QQ上聊天，不知怎么，氛围突然变得凝重起来。

算起来，我们认识也快一年了，每次都是随意地问候两句，从来没有深入地交谈过，可彼此的那份关心却从不曾缺席。

忽然我跟V说起了自己近两年的一些经历。以往，这些事情我对谁都绝口不提，而她竟也把深藏于心的想法和这些年的感受如实地告诉了我。

那一刻，我们都露出了彼此最容易受伤的软肋，不是作为秘密的交换，只是那一瞬间的气氛，把我们深埋在心里的东西狠狠地拽了出来，彼此强烈地感觉到，眼前的这个人能让你信任，能给你温暖。

然而，在真的露出了软肋之后，往往会有那么一段时间让人感到不舒服。

在闲聊中，我和V也谈过这个话题，她和我的感受是相似的。这么多年，她不习惯把心里的话说出来，是因为有些事情说出来，时常会觉得尴尬。原本和对方的关系还不错，可就在暴露了软肋的那一刻，忽然很想从对方的面前逃掉，从此不再见面——因为很后悔那么轻易就脱下盔甲，让别人看透自己。于是，自责满满地占据着心房。

上一次的深入交谈，我感觉还好，没有太大的不适，V似乎也还好。可是这一次，在我的"路怒症"爆发后，我却非常难受。我知道，每个人都不是完美的，但多数情况下，我还是能够控制自己的情绪的——因为我愿意做一个温暖的人。

可当正常的生活被打乱，各种糟心的事迎面而来，不得不靠吃中药调理身体的时候，在一个信任的、关心我的、爱护我的人面前，我忍不住脱下了那层厚厚的盔甲，敞开了毫无防备的心，松懈了紧绷的情绪。在受到外界刺激的那一刻，我瞬间释放出了压抑已久的情绪，露出了自己最坏的那一面。

我很感谢 V，她懂我、疼我，在我露出软肋的时候，她选择了宽容地接受，悉心地抚慰。我也试着反问过自己：倘若那一天，犯了"路怒症"的人是 V，我会不会也如此？

答案是，一定会！我们都知道，能让一个人轻而易举地看到自己的软肋，是内心允许了他进入自己的世界。那一刻的我们，或许才是最真实的。

写到这儿的时候，憋屈了好久的我总算舒了一口气，也不再为那天的情景纠结、自责。说到底，我不过是一个普通人，也会有喜怒哀乐，会有难以承受的痛苦。我知道，"路怒症"是病，也打算彻底把它治愈，让自己变得更好。可是，治愈了"路怒症"之后呢？我依然还会有软肋。

过去的，不再提了；未来的，笑着迎接。

如果有一天，我在你的面前脱下了盔甲，用软肋去拥抱你，请别笑它难看，也别笑它不堪。

我不想也做不到戴着面具过一辈子，那些不美好的东西，请允许我花一点时间去修整。你若了解过去的我，便会懂得现在的我。此时的你，接受了我最坏的一面，彼时的我，一定会让你看到我最好的一面，相信我！